装配式建筑施工技术培训教材

装配整体式混凝土结构工程
工人操作实务

济南市城乡建设委员会建筑产业化领导小组办公室　组织编写

中国建筑工业出版社

图书在版编目（CIP）数据

装配整体式混凝土结构工程工人操作实务/济南市城乡建设委员会建筑产业化领导小组办公室组织编写. —北京：中国建筑工业出版社，2016.9
装配式建筑施工技术培训教材
ISBN 978-7-112-19712-5

Ⅰ. ①装… Ⅱ. ①济… Ⅲ. ①装配式混凝土结构-混凝土施工-技术培训-教材 Ⅳ. ①TU755

中国版本图书馆 CIP 数据核字（2016）第 198953 号

本书为装配式建筑工人培训教材之一，全书分上、中、下三篇，内容包括：装配整体式混凝土结构基本知识、常用材料、工程识图、预制构件生产准备、预制混凝土构件生产制作、预制构件生产过程的质量检查、预制构件安全管理与运输、装配整体式混凝土结构、现场施工管理、吊装机具使用及管理、预制构件安装、预制构件连接节点施工和装配整体式混凝土结构安装质量控制及验收等。

本书既可作为施工作业人员上岗培训教材，也可供相关技术人员参考使用。

责任编辑：朱首明　李　明　李　阳　赵云波
责任校对：王宇枢　张　颖

装配式建筑施工技术培训教材
装配整体式混凝土结构工程工人操作实务
济南市城乡建设委员会建筑产业化领导小组办公室　组织编写
*
中国建筑工业出版社出版、发行（北京西郊百万庄）
各地新华书店、建筑书店经销
霸州市顺浩图文科技发展有限公司制版
北京建筑工业印刷厂印刷
*
开本：787×1092 毫米　1/16　印张：11¼　字数：272 千字
2016 年 9 月第一版　2016 年 9 月第一次印刷
定价：**30.00** 元
ISBN 978-7-112-19712-5
（29262）

参编单位（排名不分先后）

济南一建集团总公司

山东天齐置业集团股份有限公司

中铁十四局集团建筑工程有限公司

山东省建设监理咨询有限公司

济南凯发房地产咨询有限公司

山东齐兴住宅工业有限公司

山东平安建设集团有限公司

山东万斯达建筑科技股份有限公司

前　　言

为推动装配式建筑健康稳步发展，提高工程建造水平和综合品质，济南市城乡建设委员会建筑产业化领导小组办公室根据行业发展的需求，积极探索人才培养的新模式，率先启动了装配式建筑配套教材编写工作，其中第一本《装配整体式混凝土结构工程施工》已于 2015 年 8 月份出版发行，主要面向装配式建筑管理者。

本次出版的《装配整体式混凝土结构工程工人操作实务》以服务于建筑（住宅）产业化工人为目标，围绕装配整体式混凝土建筑为核心，着重介绍了从原材料进场、半成品加工、成品构件预制和运输安装等施工过程。内容涵盖工程识图等基本知识、进场检验、构件验收、安全管理、质量控制等关键环节。

全书共分上、中、下三篇，共计十二章。主要内容如下：

上篇为基础知识介绍。第一章为装配整体式混凝土结构工程概述，主要回顾我国 20 世纪七八十年代的传统装配式混凝土建筑。第二章介绍常用的工程材料，如砂石料、水泥、钢材、模板、保温材料、拉结件、钢筋连接套筒及灌浆料等。第三章介绍产业化工人应该掌握的工程识图知识。

中篇为构件制作。第四章是预制构件生产准备，讲述各种原材料检验、钢筋加工、模具组装和混凝土制备。第五章为预制混凝土构件生产制作，着重介绍了目前两种主流的生产预制工艺。第六章是预制构件生产过程的质量检查。第七章介绍预制构件安全管理与运输。

下篇为装配整体式混凝土结构现场施工管理。第八章介绍装配整体式混凝土结构现场施工管理。第九章为吊装机具使用及管理。第十章介绍预制构件安装。第十一章重点叙述钢筋套筒灌浆连接施工工艺及构件节点施工工艺。第十二章讲述安装过程中的质量控制和检查验收。

本教材特点及使用本教材作为授课教材时的建议：

1. 本教材侧重于装配整体式建筑工程的施工生产，以钢筋混凝土构件的预制与安装为主线，涵盖了装配整体式混凝土建筑的施工与验收的全过程。

2. 因两本教材侧重点的不同，授课时应将《装配整体式混凝土结构工程工人操作实务》与《装配整体式混凝土结构工程施工》二者结合起来。

3. 根据所面对建筑产业化工人文化层次和接受能力的不同，在本教材的基础上，授课内容可作必要的扩展。

因国内装配整体式混凝土建筑尚处于发展阶段，各种标准、规范、规程正处于不断的出版、修订、完善的过程中，加之时间紧促，不妥之处在所难免。

欢迎大家不吝批评指正，我们将不断修订此书，以飨读者。

目　　录

上篇　装配整体式混凝土结构工程基础知识

中篇　构　件　制　作

下篇　装配整体式混凝土结构现场施工管理

上篇　装配整体式混凝土结构工程基础知识

第一章　装配整体式混凝土结构工程概述

第一节　装配整体式混凝土结构基本知识

一、基本概念

装配式混凝土结构是指由预制混凝土构件通过可靠的连接方式装配而成的混凝土结构。在建筑工程中，简称装配式建筑；在结构工程中，简称装配式结构。

装配整体式混凝土结构是指由混凝土预制构件通过各种可靠的方式连接并与现场后浇混凝土、水泥基灌浆料形成整体受力的装配式混凝土结构。

二、主要分类

装配式混凝土结构体系可归纳为通用结构体系和专用结构体系两大类，其中专用结构体系一般在通用结构体系的基础上结合具体建筑功能和性能要求发展完善而成。

装配整体式混凝土结构和现浇结构体系一般可概括为框架结构、剪力墙结构及框架-剪力墙结构三大类，各种结构体系的选择可根据具体工程的高度、平面、体型、抗震等级、设防烈度及功能特点来确定。

（一）框架结构

1. 主要组成

框架结构是由梁和柱连接而成的。梁柱交接处的框架节点通常为刚接，有时也将部分节点做成铰接或半铰接。柱底一般为固定支座，必要时也可设计成铰支座。为利于结构受力，框架梁宜拉通、对直，框架柱宜纵横对齐、上下对中，梁柱轴线宜在同一竖向平面内。有时由于使用功能或建筑造型上的要求，框架结构也可以做成缺梁、内收或梁斜向布置等（如图 1-1 所示）。

2. 平面布局

框架结构的平面布置既要满足生产施工和建筑平面布置的要求，又要使结构受力合理、

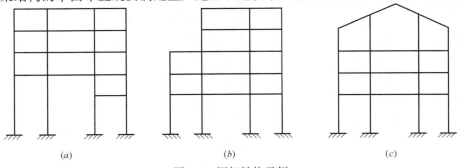

(a)　　　　　　　　(b)　　　　　　　　(c)

图 1-1　框架结构示例

（a）缺梁的框架；（b）内收的框架；（c）有斜梁的框架

施工方便，以加快施工进度，降低工程造价。

建筑设计及结构布置时既要考虑到构件的最大长度和最大重量，使之满足吊装、运输设备的限制条件，又要考虑到构件尺寸的模数化、标准化、并尽量减少规格种类，以满足工厂化生产的要求，提高生产效率。

柱网尺寸宜统一，跨度大小和抗侧力构件布置宜均匀、对称，尽量减小偏心，减小结构的扭转效应。并应考虑结构在竖向荷载作用下内力分布均匀合理，各构件材料强度均能得到充分利用。柱网的开间和进深，一般为 4～10m。设计应根据建筑使用功能的要求，结合结构受力的合理性、经济性、方便施工等因素确定。较大柱网（如图 1-2（a）所示）适用于建筑平面有较大空间的公共建筑，但将增大梁的截面尺寸。小柱网（如图 1-2（b）所示）梁柱截面尺寸较小，适用于旅馆、办公楼、医院病房楼等分隔墙体较多的建筑。按抗震要求设计的框架结构，过大的柱网尺寸将给实现强柱弱梁及延性框架增加一定难度。

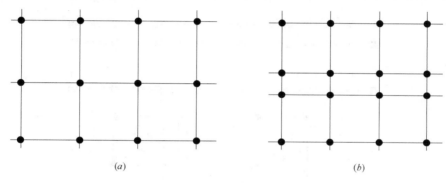

(a)   (b)

图 1-2 柱网布置示意
(a) 大柱网；(b) 小柱网

3. 平面布置

框架结构主要承受竖向荷载，按楼面竖向荷载传递方向的路线不同，承重框架的布置方案有横向框架承重、纵向框架承重和纵横向框架混合承重等几种。

（1）横向框架承重方案

横向框架承重方案是在横向布置框架承重梁，楼面竖向荷载由横向梁传至柱而在纵向布置连系梁（如图 1-3（a）所示）。横向框架往往跨数小，主梁沿横向布置有利于提高建筑物的横向抗侧刚度。而纵向框架则按构造要求布置较小的连系梁，这样也有利于房屋内的采光与通风。

（2）纵向框架承重方案

纵向框架承重方案是在纵向布置框架承重梁，在横向布置连系梁（如图 1-3（b）所示）。因为楼面荷载由纵向梁传至柱，所以横向梁高度较小，有利于设备管线地穿行；当在房屋开间需要较大空间时，可获得较高的室内净高；另外，当基础土的物理力学性能在房屋纵向有明显差异时，可利用纵向框架的刚度来调整房屋的不均匀沉降。纵向框架承重方案的缺点是房屋的横向抗侧刚度较差，进深尺寸受预制板长度的限制。

（3）纵横向框架混合承重方案

纵横向框架混合承重方案是在两个方向均需布置框架承重梁以承受楼面荷载。预制板楼盖布置（如图 1-3（c）所示），当楼面上作用有较大荷载，或楼面有较大开洞，或当柱

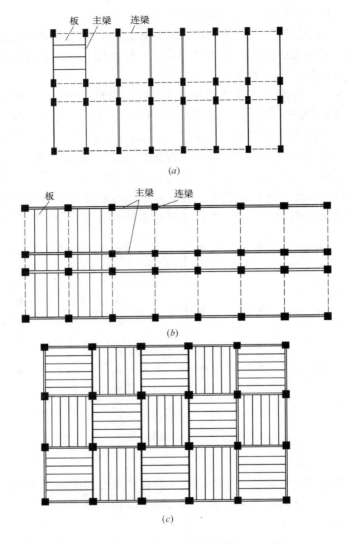

图 1-3 承重框架布置方案

(a) 横向框架承重方案；(b) 纵向框架承重方案；(c) 纵横向框架混合承重方案

网布置为正方形或接近正方形时，常采用此种方案。纵横向框架混合承重方案具有较好的整体工作性能，有利于抗震设防。

4. 框架结构的竖向布置

框架沿高度方向各层平面柱网尺寸宜相同，框架柱宜上下对齐，尽量避免因楼层某些框架柱取消而成竖向不规则框架，如因建筑功能需要造成不规则时，应视不规则程度采取加强措施，如加厚楼板、增加边梁配筋等。高烈度地震区不宜采用或慎用此类竖向不规则框架结构。

框架柱截面尺寸宜沿高度方向由大到小均匀变化，混凝土强度等级宜和柱截面尺寸错开一、二层变化，以使结构侧向刚度变化均匀。同时应尽可能使框架柱截面中心对齐，或上下柱仅有较小的偏心。

5. 结构的体型规则性

平面和立面不规则的体型，在水平荷载作用下，由于体型突变，受力比较复杂，因此建筑体型在平面及立面上应尽量避免部分突出及刚度突变。若不能避免时，则应在结构布置上局部加强。在平面上有突出部分的房屋，应考虑到凸出部分在地震力作用下由局部振动引起的内力，在沿突出部分两侧的框架梁、柱要适当加强。平面拐角处的楼梯，应尽量避免开洞。

因此，在房屋顶部不宜有局部突出和刚度突变。若不能避免时，凸出部位应逐步缩小，使刚度不发生突变，并需作抗震验算。凸出部分不宜采用混合结构。

（二）剪力墙结构

1. 剪力墙结构的特点

采用钢筋混凝土剪力墙（用于抗震结构时也称为抗震墙）承受竖向荷载和抵抗侧向力的结构称为剪力墙结构，也称为抗震墙结构。

剪力墙结构整体性好，承载力及侧向刚度大。合理设计的剪力墙结构具有良好的抗震性能。在历次地震中，剪力墙的震害一般比较轻。受楼板跨度的限制，剪力墙结构的开间一般为3～8m，适用于住宅、旅馆等建筑。剪力墙结构的适用高度范围大，多层及30～40层都可应用。

2. 剪力墙的结构布置

装配整体式剪力墙的结构布置要求与现浇剪力墙基本一致，宜简单、规则、对称，不应采用严重不规则的平面布置。

剪力墙在平面内应双向布置，沿高度方向宜连续布置。剪力墙一般需要开洞作为门窗，洞口宜上下对齐，成列布置，形成具有规则洞口的联肢剪力墙，避免出现洞口不规则的错洞墙。

高层装配整体式剪力墙结构的底部加强部位一般采用现浇结构，主要是考虑了以下因素：

（1）底部加强部位的剪力墙构件截面大且配筋多，预制结构接缝及节点钢筋连接的工作量很大，预制结构体现不出优势。

（2）高层建筑的底层布置往往由于建筑功能的需要，不太规则，不适合采用预制结构。

（3）在侧向力作用下，剪力墙结构的侧向位移曲线呈弯曲型，即层间位移由下至上逐渐增大，在墙肢底部一定高度内屈服形成塑性铰，因此，底部加强区对结构的整体抗震性能很重要。顶层一般采用现浇楼盖结构，这保证了结构的整体性。高层建筑可设置地下室，这提高了结构在水平力作用下抗滑移、抗倾覆的能力；地下室采用装配整体式并无明显的成本和工期优势，采用现浇结构既可以保证结构的整体性，又可提高结构的抗渗性能。

剪力墙等预制构件的连接部位宜设置在构件受力较小的部位，预制构件的拆分应便于标准化生产、吊装、运输和就位，同时还应满足建筑模数协调、结构承载能力及便于质量控制的要求。

（三）框架-剪力墙结构

框架-剪力墙结构计算中采用了楼板平面刚度无限大的假定，即认为楼板在自身平面内是不变形的。水平力通过楼板按抗侧力刚度分配到剪力墙和框架。剪力墙的刚度大，承受了大部分水平力，因而在地震作用下，剪力墙是框架-剪力墙结构的第一道防线，框架是第二道防线。

1. 装配整体式框架-现浇剪力墙结构，要符合对装配整体式框架的要求，剪力墙宜对称布置，各片墙的刚度宜接近，长度较长的剪力墙宜设置洞口和连梁形成双肢墙或多肢墙，各层每道剪力墙承受的水平力不宜超过相应楼层总水平力的40%。抗震设计时结构两主轴方向均应布置剪力墙，梁与柱、柱与剪力墙的中心线宜重合，当不能重合时，在计算中应考虑其影响，并采取加强措施。

2. 装配整体式框架-现浇剪力墙结构中的剪力墙厚度不应小于160mm且不宜小于层高或无支长度的1/20；底部加强部位的剪力墙厚度不应小于200mm，且小于层高或无支长度的1/16。剪力墙有端柱时，墙体在楼层处宜设置暗梁，暗梁的截面高度不宜小于墙厚和400mm两者中的较大值；端柱截面宜与同层框架柱相同，剪力墙底部加强部位的端柱和紧靠剪力墙洞口的端柱宜按柱箍筋加密区的要求沿全高加密箍筋。

3. 纵向剪力墙宜布置在结构单元的中间区段内，当房屋纵向长度较长时，不宜集中在两端布置纵向剪力墙，纵向剪力墙宜组成L形、T形等形式，以增强抗侧刚度和抗扭能力。抗震设计时，剪力墙的布置宜使结构各主轴方向的刚度接近，应尽量减小结构的扭转变形。框架-剪力墙结构应有足够数量的剪力墙，且应满足在基本振型地震作用下，框架部分承受的地震倾覆力矩不大于结构总倾覆力矩的50%。

三、主要特点

预制装配式混凝土结构采用先进的工业化机械化生产技术的建筑形式，利用起重机械和运输工具等现代化的生产工具将工厂机械化生产的混凝土预制构件组装而成，其施工可以按照地点的不同分为两个阶段。第一阶段是在工厂中生产预制构件，第二个阶段是在施工现场安装预制构件。装配式混凝土结构与现浇混凝土结构建造方法不同，由于其独特的建造方法，存在以下四个特点：

（一）用"装配式的施工"实现"整体式的结构"

目前国内推行的装配式混凝土结构，在施工方式上以"装配化"施工方法为主，预制构件之间的节点部位通过合理的钢筋构造和现浇混凝土连接成为整体，与传统的现浇混凝土结构房屋相比，将"湿法作业"变为"干法作业"。建成的房屋结构在整体性方面与现浇结构基本相同，用不同的技术手段实现了基本相同的结果。

（二）实现了设计、生产、安装的"标准化"

这主要体现在设计标准化、生产工艺标准化、安装标准化等方面。设计的标准化能够提高构件模板的使用率，降低了生产难度和生产成本，使得构件生产工艺标准化，能够提高生产效率和构件质量，从而实现现场作业程序的标准化，提高了现场施工的速度，实现节省人工和降低造价的目的，因此"标准化"是装配式混凝土结构体系的技术核心，标准化的设计是实现的关键和重点。但设计"标准化"不是指构件形式千篇一律，使得建筑外观和城市面貌毫无个性和变化，而是在设计阶段要通过模数化、系列化、定型化等技术手段，在满足建筑功能和建筑效果的前提下，综合考虑到生产及安装的技术特点和作业程序，使得生产工艺标准化、作业方法标准化，起到将设计、生产、施工技术连贯起来的作用，将复杂的施工操作变得更加简单、容易，用标准化的生产程序来保证构件质量，提高建筑的质量（如图1-4所示）。

（三）大幅提高劳动生产效率

预制构件采用机械化方式进行生产加工（如图1-5（a）所示），现场对构件节点进行混凝土浇筑施工（如图1-5（b）所示），大大减少了现场工作量和施工难度，方便进行交叉作业，节约工期，保证施工进度。

（a）　　　　　　　　　　　　　　　　　　（b）

图1-4　预制混凝土构件生产过程图

（a）预制混凝土构件表面处理工艺；（b）预制混凝土构件生产流水线

（a）　　　　　　　　　　　　　　　　　　（b）

图1-5　预制混凝土构件施工

（a）混凝土预制构件吊装；（b）混凝土预制构件连接节点施工

（四）环保节能

装配式混凝土结构在施工时所产生的噪音、烟尘和垃圾低于传统混凝土结构，对周围环境的影响较小。工业化的设计和施工节省了大量现场的模板和脚手架（如图1-6（b）所示），减少了木材使用量，在降低造价的同时也保护了我国宝贵的森林资源。此外预制外墙和屋面板已经将保温隔水等防护层统一处理完毕，减少了物料的损耗（如图1-6（a）所示）。

四、国内外预制装配整体式混凝土结构的发展概况

在20世纪末期，预制装配式混凝土结构已经广泛应用于工业与民用建筑、桥梁道路、

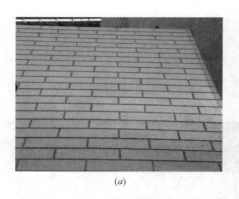

(a)

(b)

图 1-6　预制装配式混凝土结构现场图

(a) 预制混凝土饰面外墙板；(b) 混凝土预制构件施工现场

水工建筑、大型容器等工程结构领域，发挥着不可替代的作用，预制混凝土结构已经在全世界普及。

预制混凝土结构的工业化发展，大致上可以分为两个阶段：自 1950 年至 1970 年是第一阶段，1970 年至今是第二阶段。第一阶段的施工方法被称为闭锁体系，其生产优点为标准化构件，并配合标准设计、快速施工，缺点是结构形式有限、设计缺乏灵活性。基本施工方法可分为法国式和瑞典式。前者的标准较低，所需劳动力较大，接头部分大多采用现浇混凝土，通常称为湿体系；后者的标准较高，接头部分大多不采用现浇混凝土，通常称为干体系。第二阶段的施工方法被称为开放体系，致力于发展标准化的功能模块、设计上统一模数，这样易于统一又富有变化，方便了生产和施工，也给设计带来更大自由。根据预制程度的不同，预制单元可分为：小型构件（如门、窗、梁、柱等），大型构件（如楼板、屋面板、墙等），整间或整个单元（盒子结构建筑体系）。

（一）国外发展概况

欧洲是预制建筑的发源地，早在 17 世纪就开始了走建筑工业化之路。以法国为代表，经历了结构-施工体系、样板住宅、通用构造体系及主体结构体系等多种发展模式，北欧地区则以芬兰为代表，墙体主要以夹芯保温墙板为主。1996 年预制装配式结构在欧洲达到了最高的应用水平，如丹麦达 43%、荷兰达 40%、瑞典和德国达 31%。

美国从 20 世纪 30 年代以拖车式汽车房屋为雏形开始工业化住宅发展，1976 年以后，美国联邦政府住房和城市发展部颁布了美国工业化住宅建设和安全标准，形成了一系列标准产品可供选用。北美的预制建筑主要包括建筑预制外墙和结构预制构件两大系列，预制构件的共同特点是大型化和预应力相结合。美国新颁布的法规要求所有新建房屋的申请必须满足某一最低可建造计分制的规定。

日本在 1975 年以后，建筑的层数越高，工厂化预制比例越高，有效解决模板的利用率低和成本摊销大、泵送商品混凝土和高空养护的难度大、工作量大等问题。日本有《预制混凝土工程》（JASS10）等预制混凝土建筑体系设计、制作和施工的标准，结合自身要求，在预制结构体系整体性抗震和隔震设计方面取得进展，如 2008 年采用预制装配框架结构建成的两栋 58 层的东京塔。日本的预制结构体系主要有板式体系和框架体系两种（如图 1-7 所示）。

（二）我国装配整体式混凝土结构发展概况

1. 大陆地区发展概况

我国从 20 世纪五六十年代开始研究装配式混凝土结构的的设计施工技术，形成了一系列的装配式混凝土结构体系，较为典型的建筑体系有装配式单层工业厂房建筑体系、装配式多层框架建筑体系、装配式大板建筑体系等。到 20 世纪 80年代装配式混凝土结构应用达到全盛时期，许多地方都形成了设计、生产和施工安装一体化的模式，装配式混凝土结构和采用预制空心楼板的砌体建筑成为两种重要的建筑体系。由于装配式建

图 1-7　日本的预制装配混凝土建筑

筑的功能和物理性能存在的局限和不足，我国的装配式建筑设计和施工技术研发水平跟不上社会需求及建筑技术发展的变化，到 20 世纪 90 年代中期，装配式混凝土建筑已逐渐被全现浇混凝土结构体系取代。直到 21 世纪，现浇施工方式所造成的环境污染、噪声影响、资源浪费、施工危险等弊端逐步显露，我国建筑业又开始重视预制装配式混凝土结构的发展，装配整体式混凝土结构迎来了新的发展机遇。预制混凝土构件行业迎来了新的发展机遇，规模逐步扩大，技术更加先进，质量要求更高。

(a)　　　　　　　　　　　　　　(b)

图 1-8　我国预制装配式混凝土结构试点项目
(a) 济南公租房试点项目；(b) 沈阳试点项目

装配整体式混凝土结构是我国建筑结构发展的重要方向之一，它有利于建筑工业化的发展，提高生产效率，节约能源，发展绿色环保建筑，并且有利于提高和保证建筑工程质量。目前，我国装配式建筑发展较快的城市有深圳、济南（如图 1-8（a）所示）、沈阳（如图 1-8（b）所示）、上海和北京等，以示范、试点工程为切入点，在出台政策、技术创新、标准规范制定等方面大胆探索，在一定程度上促进了我国建筑工业化的健康、持续、稳定、有序发展。

2. 香港预制装配整体式结构发展概况

香港 1990 年开始把传统的砌筑内隔墙改为预制条型墙板，规定采用露台、空中花园、非结构预制外墙等环保措施的项目将获得面积豁免，多出的可售面积可以部分抵消发展商

的成本增加。高层住宅多采用叠合楼板、预制楼梯和预制外墙等方式建造，厂房类建筑一般采用装配式框架结构或钢结构建造。采用内浇外挂方式，可以保证超高层住宅的整体性和刚度。最近，香港预制构件在住宅建筑的应用发展到结构的剪力墙部位、核心筒和梁柱节点等，使得预制构件占整个建筑的60％左右，如图1-9所示。

3. 台湾预制装配整体式建筑发展概况

台湾的装配式混凝土建筑应用也较为普遍，建筑体系与韩国、日本的接近，装配式结构的节点连接构造和抗震、隔震技术的研究和应用都很成熟，装配框架梁、柱、预制外墙挂板等构件得到广泛应用，如图1-10所示。

图1-9　香港装配式建筑项目

图1-10　台湾装配式建筑项目

（三）发展趋势

1. 从闭锁体系向开放体系转变，原来的闭锁体系强调标准设计、快速施工，但结构性方面非常有限，也没有推广模数化。

2. 从湿体系向干体系转变。装配模块运到工地，但是接口必须要现浇混凝土，湿体系的典型国家是法国。瑞典推行的是干体系，干体系就是螺栓螺帽的结合，其缺点是抗震性能较差，没有湿体系好。

3. 从只强调结构的装配式，向结构装配式和内装系统化、集成化发展。

4. 信息化的应用。

5. 结构设计是多模式的：一是填充式；二是结构式；三是模块式；目前模块式发展相对比较快。

第二节　装配整体式混凝土结构常用预制构件

装配整体式混凝土结构常用预制构件主要有预制混凝土柱、预制混凝土梁、预制混凝土楼板、预制混凝土墙板、预制混凝土楼梯、阳台、空调板等构件。

一、预制混凝土柱

一般在工厂预制完成，为了连接的需要，在端部需要留置锚筋，如图1-11所示。

二、预制混凝土梁

一般在工厂预制完成，有预制实心梁和预制叠合梁。为了连接的需要，在端部需要留置锚筋，叠合梁在上部也需要露出钢筋，用来连接叠合板，如图1-12所示。

图 1-11　预制混凝土柱　　　　　　　　　图 1-12　预制混凝土叠合梁

三、预制混凝土楼板

一般在工厂预制完成，预制混凝土楼板包括预制实心混凝土板、预制混凝土叠合板。预制混凝土叠合板最常见的主要有两种，一种是桁架钢筋混凝土叠合板，如图 1-13 所示；另一种是预制带肋底板混凝土叠合楼板，简称预应力板（如图 1-14 所示）。

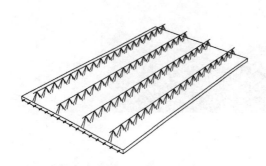

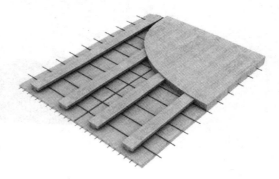

图 1-13　桁架钢筋混凝土叠合板　　　图 1-14　带肋底板混凝土叠合楼板（PK 板）

四、预制混凝土墙板

一般在工厂预制完成，种类有预制混凝土剪力墙内墙板（如图 1-15 所示）、预制混凝土剪力墙外墙板（如图 1-16 所示）、预制混凝土夹心保温墙板、预制混凝土剪力墙夹心外墙板等。

五、预制混凝土楼梯

一般在工厂预制完成，如图 1-17 所示。预制楼梯具有以下优点：

（一）预制楼梯安装后可作为施工通道。

（二）预制楼梯受力明确，地震时支座不会受弯破坏，保证了逃生通道，同时楼梯不会对梁柱造成伤害。

六、预制混凝土阳台

预制阳台通常包括全预制阳台（如图 1-18 所示）和预制叠合阳台（如图 1-19 所示）。预制阳台板能够克服现浇阳台的缺点，解决了阳台支模复杂，现场高空作业费时费力的问题；还能避免在施工过程中，由于工人踩踏使阳台楼板上部的受力筋被踩到下面，从而导致阳台拆模后下垂的质量通病。

图 1-15　预制混凝土剪力墙内墙板

图 1-16　预制混凝土剪力墙外墙板

图 1-17　预制混凝土楼梯

图 1-18　全预制阳台

图 1-19　预制叠合阳台

七、其他预制混凝土构件

装配式混凝土结构根据设计不同，还会有其他预制构件，如飘窗板、空调板、女儿墙等，如图 1-20 所示。

图 1-20 飘窗板、空调板

第三节 装配整体式混凝土结构钢筋连接技术

钢筋的连接方法主要有钢筋套筒灌浆连接、浆锚搭接连接和传统的钢筋机械连接、焊接等。这里主要介绍钢筋套筒灌浆连接和浆锚搭接连接。

一、钢筋套筒灌浆连接

钢筋套筒灌浆连接是在金属套筒内灌注水泥基浆料，将钢筋对接连接所形成的机械连接接头。

按照钢筋与套筒的连接方式不同，该接头分为全灌浆接头和半灌浆接头两种。

全灌浆接头是传统的灌浆连接接头形式，接头两端的钢筋均采用灌浆连接，两端钢筋均是带肋钢筋，如图 1-21 (a) 所示。半灌浆接头是一端钢筋用灌浆连接，另一端采用非灌浆方法（例如螺纹连接）连接的接头，如图 1-21 (b) 所示：

套筒灌浆连接主要适用于装配整体式混凝土结构的预制剪力墙、预制柱（如图 1-22 所示）等预制构件的纵向钢筋连接，也可用于叠合梁（如图 1-23 所示）等后浇部位的钢筋连接。

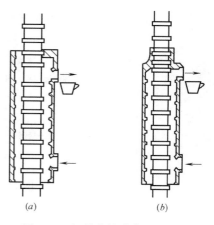

图 1-21 钢筋套筒灌浆连接示意
(a) 全灌浆套筒；(b) 半灌浆套筒

图 1-22 预制柱钢筋套筒连接

图 1-23 预制梁钢筋套筒连接

二、浆锚搭接连接

浆锚搭接连接是将钢筋锚固在灌注有水泥基灌浆料的锚孔中，实现与锚孔外的相邻钢筋的间接搭接连接，如图 1-24 所示。

浆锚搭接连接时，要对预留孔成孔工艺、孔道形状和长度、构造要求、灌浆料和被连接钢筋进行力学性能以及适用性的试验验证。其中，直径大于 20mm 的钢筋不宜采用浆锚搭接连接，直接承受动力荷载构件的纵向钢筋不应采用浆锚搭接连接。浆锚搭接成本低、操作简单，但因结构受力的局限性，浆锚搭接只适用于房屋高度不大于 12m 或者层数不超过 3 层的装配整体式框架结构的纵向钢筋连接、装配整体式剪力墙结构的竖向钢筋连接（一级抗震剪力墙以及二、三级抗震底部加强部位除外）。

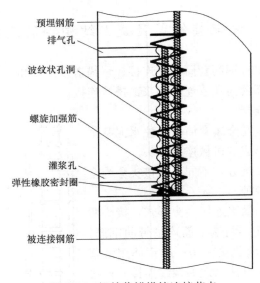

图 1-24　钢筋浆锚搭接连接节点

第二章 常 用 材 料

第一节 混 凝 土

一、混凝土

（一）混凝土相关知识

1. 混凝土，简称砼：是指由胶凝材料将集料胶结成整体的工程复合材料的统称。通常讲的混凝土一词是指用水泥作胶凝材料，碎石或卵石作粗骨料、砂作细骨料，与水、外加剂和掺合料等按一定比例配合，经搅拌而得的水泥混凝土，也称人造石。

砂、石在混凝土中起骨架作用，并抑制水泥的收缩；水泥和水形成水泥浆，包裹在粗细骨料表面并填充骨料间的空隙。水泥浆体在硬化前起润滑作用，使混凝土拌合物具有良好工作性能，硬化后将骨料胶结在一起，形成坚强的整体。

2. 混凝土质量要求

混凝土应搅拌均匀、颜色一致，具有良好的和易性。混凝土的坍落度应符合要求。

冬期施工时，水、骨料加热温度及混凝土拌合物出机温度应符合相关规范要求。

3. 混凝土中氯化物和碱总含量应符合现行国家相关规范要求，以保证构件受力性能和耐久性。

4. 变形和耐久性

混凝土在荷载或温湿度作用下会产生变形，主要包括弹性变形、塑性变形、收缩和温度变形等。

耐久性是指在使用过程中抵抗各种破坏因素作用的能力。主要包括抗冻性、抗渗性、抗侵蚀性。耐久性的好与坏决定着混凝土工程寿命的长短。

（二）混凝土性能要求

1. 配合比

合理地选择原材料并确定其配合比例不仅能安全有效地生产出合格的混凝土产品，而且还可以达到经济实用的目的。一般来说，混凝土配合比的设计通常按水灰比水胶比法则的要求进行。其中材料用量的计算主要采用假定容重法或绝对体积法。

（1）水胶比

混凝土水胶比的计算应根据试验资料进行统计，提出混凝土强度和水胶比的关系式，然后用作图法或计算法求出与混凝土配制强度（$f_{cu,o}$）相对应的水胶比。当采用多个不同的配合比进行混凝土强度试验时，其中一个应为基准配合比，其他配合比的水胶比，宜较基准配合比分别增加或减少 0.02～0.03。

（2）集料

每立方碎石用量＝混凝土每立方米的碎石用量（一般为 0.9～0.95m³）×碎石松散容

重（即碎石的密度，一般为 1.7～1.9t/m³）。

砂率＝砂的质量/（碎石质量＋砂的质量），一般控制在 28％～36％范围内。

每立方砂用量＝［碎石的质量/（1－砂率）］×砂率。

2. 和易性

流动性、黏聚性和保水性综合表示拌合物的稠度、流动性、可塑性、抗分层离析泌水的性能及易抹面性等。主要采用截锥坍落筒测定。

3. 强度

混凝土硬化后的最重要的力学性能是指混凝土抵抗压、拉、弯、剪等应力的能力。

根据混凝土按标准抗压强度（以边长为 150mm 的立方体为标准试件，在标准养护条件下养护 28 天，按照标准试验方法测得的具有 95％保证率的立方体抗压强度）划分的强度等级，称为标号，分为 C10、C15、C20、C25、C30、C35、C40、C45、C50、C55、C60、C65、C70、C75、C80、C85、C90、C95、C100 共 19 个等级。

（1）装配整体式混凝土结构中，预制构件的混凝土强度等级不宜低于 C30；现浇混凝土构件的强度等级不应低于 C25；预制预应力构件混凝土的强度等级不宜低于 C40，且不应低于 C30。

（2）有抗震设防要求的装配式结构的混凝土强度等级要求：剪力墙不宜超过 C60；其他构件不宜超过 C70；一级抗震等级的框架梁、柱及节点不应低于 C30；其他各类结构构件不应低于 C20。

（3）装配整体式结构预制构件后浇节点处的混凝土宜采用普通硅酸盐水泥配制，其强度等级应比预制构件强度等级提高一级，且不应低于 30 MPa。

二、水泥

（一）水泥宜采用不低于 42.5 级硅酸盐、普通硅酸盐水泥，进场前要求提供商出具水泥出厂合格证和质保单等，对其品种、级别、包装或散装仓号、出厂日期等进行检查，并按批次对其强度、安定性、凝结时间及其他必要的性能指标进行复验，其质量必须符合现行国家标准《硅酸盐水泥、普通硅酸盐水泥》GB 175 的规定，出厂超过三个月的水泥应复试，水泥应存放在水泥库或水泥罐中，防止雨淋和受潮。

（二）化学指标

化学指标应符合表 2-1 规定。

化学指标（单位%）　　　　　　　　　　　　　　　　表 2-1

品种	代号	不溶物（质量分数）	烧失量（质量分数）	三氧化硫（质量分数）	氧化镁（质量分数）	氯离子（质量分数）
硅酸盐水泥	P·Ⅰ	≤0.75	≤3.0	≤3.5	≤5.0ᵃ	≤0.06ᵇ
	P·Ⅱ	≤1.50	≤3.5			
普通硅酸盐水泥	P·O	—	≤5.0			

注：a. 如果水泥压蒸试验合格，则水泥中氧化镁的含量（质量分数）允许放宽至 6.0%。

　　b. 当有更低要求时，该指标由买卖双方协商确定。

（三）物理指标

1. 凝结时间

硅酸盐水泥初凝不小于45min，终凝不大于390min；普通硅酸盐水泥、矿渣硅酸盐水泥、火山灰质硅酸盐水泥、粉煤灰硅酸盐水泥和复合硅酸盐水泥初凝不小于45min，终凝不大于600min。

2. 安定性

沸煮法合格。

3. 强度

不同品种不同强度等级的通用硅酸盐水泥，其不同龄期的强度应符合表2-2的规定。

通用硅酸盐水泥强度要求（单位：MPa）　　　　　　　　　　表2-2

品种	强度等级	抗压强度		抗折强度	
		3d	28d	3d	28d
硅酸盐水泥	42.5	≥17.0	≥42.5	≥3.5	≥6.5
	42.5R	≥22.0		≥4.0	
	52.5	≥23.0	≥52.5	≥4.0	≥7.0
	52.5R	≥27.0		≥5.0	
	62.5	≥28.0	≥62.5	≥5.0	≥8.0
	62.5R	≥32.0		≥5.5	
普通硅酸盐水泥	42.5	≥17.0	≥42.5	≥3.5	≥6.5
	42.5R	≥22.0		≥4.0	
	52.5	≥23.0	≥52.5	≥4.0	≥7.0
	52.5R	≥27.0		≥5.0	

4. 细度

硅酸盐水泥和普通硅酸盐水泥细度以比表面积表示，不小于300m²/kg；矿渣硅酸盐水泥、火山灰质硅酸盐水泥、粉煤灰硅酸盐水泥和复合硅酸盐水泥以筛余表示，80μm方孔筛筛余不大于10%或45μm方孔筛筛余不大于30%。

三、砂

按照加工方法的不同，砂分为天然砂、机制砂、混合砂（天然砂与机制砂按照一定比例混合而成）。

（一）天然砂

天然砂为自然形成的，粒径小于5mm的岩石颗粒。

1. 混凝土使用的天然砂宜选用细度模数为2.3～3.0的中粗砂。

2. 进场前要求供应商出具质保单，使用前要对砂的含水、含泥量进行检验，并用筛选分析试验对其颗粒级配及细度模数进行检验。其质量应符合现行行业标准《普通混凝土用砂、石质量及检验方法标准》JGJ 52的规定。

3. 砂的质量要求

砂的粗细程度按细度模数 μf，分为粗、中、细、特细四级，其范围应符合以下规定：粗砂 $\mu f = 3.7 \sim 3.1$；中砂 $\mu f = 3.0 \sim 2.3$；细砂 $\mu f = 2.2 \sim 1.6$；特细砂 $\mu f = 1.5 \sim 0.7$。

4. 天然砂中含泥量应符合表 2-3 的规定。

天然砂中含泥量　　　　　　　　　　　　　　表 2-3

混凝土强度等级	≥C60	C55～C30	≤C25
含泥量（按重量计%）	≤2.0	≤3.0	≤5.0

对有抗冻、抗渗或其他特殊要求的小于或等于 C25 混凝土用砂，含泥量应不大于 3.0%。

5. 砂中的泥块含量应符合表 2-4 的规定。

砂中的泥块含量　　　　　　　　　　　　　　表 2-4

混凝土强度等级	≥C60	C55～C30	≤C25
含泥量（按重量计%）	≤0.5	≤1.0	≤2.0

对于有抗冻、抗渗或其他特殊要求的小于或等于 C25 混凝土用砂，其泥块含量不应大于 1.0%。

6. 当砂中如含有云母、轻物质、有机物、硫化物及硫酸盐等有害物质时，其含量应符合表 2-5 的规定。

砂中的有害物质限值　　　　　　　　　　　　表 2-5

项目	质量指标
云母含量（按重量计，%）	≤2.0
轻物质含量（按重量计，%）	≤1.0
硫化物及硫酸盐含量	≤1.0
有机物含量（按比色法试验）	颜色不应深于标准色，当颜色深于标准色时，应按水泥胶砂强度试验方法进行强度对比试验，抗压强度比不应低于 0.95

对于有抗冻、抗渗要求的混凝土，砂中云母含量不应大于 1.0%。

7. 对于长期处于潮湿环境的重要混凝土结构用砂，应采用砂浆棒（快速法）或砂浆长度法进行骨料的碱活性检验。

经上述检验判断为有潜在危害时，应控制混凝土中的碱活性检验。经上述检验判断为有潜在危害时，应控制混凝土中的碱含量不超过 $3kg/m^3$，或采用能抑制碱-骨料反应的有效措施。

（二）机制砂

1. 机制砂是通过机械破碎后，由制砂机等设备破碎、筛分而成，粒径小于 5mm 的岩石颗粒，具有成品规则的特点。机制砂应符合现行国家标准《建筑用砂》GB/T 14684 的规定。

2. 机制砂的原料：机制砂的制砂原料一般通常用花岗岩、玄武岩、河卵石、鹅卵石、安山岩、流纹岩、辉绿岩、闪长岩、砂岩、石灰岩等品种。其制成的机制砂按岩石种类区分，有强度和用途的差异。

3. 机制砂的要求：机制砂的粒径在 4.75～0.15mm 之间，对小于 0.075mm 的石粉有一定的比例限制。其粒级分为：4.75、2.36、1.18、0.60、0.30、0.15。粒级最好要连续，且每一粒级要有一定的比例，限制机制砂中针片状的含量。

4. 机制砂的规格：机制砂的规格按细度模数（Mx）分为粗、中、细、特细四种：

粗砂的细度模数为：3.7～3.1，平均粒径为 0.5mm 以上；

中砂的细度模数为：3.0～2.3，平均粒径为 0.5～0.35mm；

细砂的细度模数为：2.2～1.6，平均粒径为 0.35～0.25mm；

特细砂的细度模数为：1.5～0.7，平均粒径为 0.25mm 以下。

5. 机制砂的等级和用途：

等级：机制砂的等级按其技能需求分为Ⅰ、Ⅱ、Ⅲ三个等级。

用途：Ⅰ类砂适用于强度等级大于 C60 的混凝土；Ⅱ类砂适用于强度等级 C30～C60 及抗冻、抗渗或其他要求的混凝土；Ⅲ类砂适用于强度等级小于 C30 的混凝土与构筑砂浆。

6. 机制砂的主要检验项目有：表观相对密度、坚固性、含泥量、砂当量、亚甲蓝值、棱角性等。

四、石子

（一）石子宜选用 5～25mm 碎石，混凝土用碎石应采用反击破碎石机加工。

（二）进场前要求提供商出具质保单，卸货后用肉眼观察石子中针片状颗粒含量。使用前要对石子的含水、含泥量进行检验，并用筛选分析试验对其颗粒级配进行检验，其质量应符合现行行业标准《普通混凝土用砂、石质量及检验方法标准》JGJ 52 的规定。

（三）针、片状颗粒含量应符合表 2-6 的规定。

碎石或卵石中针、片状颗粒含量   表 2-6

混凝土强度等级	≥C60	C55～C30	≤C25
针、片状颗粒含量，按重量计（%）	≤8	≤15	≤25

（四）含泥量应符合表 2-7 的规定。

碎石或卵石中的含泥量   表 2-7

混凝土强度等级	≥C60	C55～C30	≤C25
含泥量（按重量计%）	≤0.2	≤0.5	≤0.7

（五）泥块含量应符合表 2-8 的规定。

碎石或卵石中的泥块含量   表 2-8

混凝土强度等级	≥C60	C55～C30	≤C25
泥块含量（按重量计%）	≤0.2	≤0.5	≤0.7

（六）碎石压碎值

碎石的强度可用岩石的抗压强度和压碎值指标表示。碎石的压碎值指标宜符合表 2-9 的规定。

碎石的压碎值指标   表 2-9

岩石品种	混凝土强度等级	碎石压碎值指标（%）
沉积岩	C60～C40 ≤C35	≤10 ≤16
变质岩或深成的火成岩	C60～C40 ≤C35	≤12 ≤20

岩石品种	混凝土强度等级	碎石压碎值指标(%)
喷出的火成岩	C60~C40	≤13
	≤C35	≤30

注：沉积岩包括石灰岩、砂岩等。变质岩包括片麻岩、石英岩等。深成的火成岩包括花岗岩、正长岩、闪长岩和橄榄岩等。喷出的火成岩包括玄武岩和辉绿岩等。

（七）卵石压碎值及硫化物、硫酸盐含量

卵石的强度用压碎值指标表示。其压碎值指标宜符合表 2-10 的规定采用。

卵石的强度压碎值指标　　　　　　　　　　表 2-10

混凝土强度等级	C60~C40	≤C35
碎石压碎值指标(%)	≤12	≤16

碎石或卵石中的硫化物和硫酸盐含量，以及卵石中有机物等有害物质含量应符合表 2-11 的规定。

碎石或卵石中的硫化物和硫酸盐含量　　　　　　　　　　表 2-11

项目	质量要求
硫化物及硫酸盐含量(折算成 SO_3 按重量计,%)	≤1.0
卵石中有机物含量(按比色法试验)	颜色不应深于标准色,当颜色深于标准色时,应按水泥胶砂强度试验方法进行强度对比试验,抗压强度比不应低于 0.95

（八）碱活性检验

对于长期处于潮湿环境的重要结构混凝土，其所使用的碎石或卵石应进行碱活性检验。

进行碱活性检验时，首先应采用岩相法检验碱活性骨料的品种、类型和数量。当检验出骨料中含有活性二氧化硅时，应采用快速砂浆法和砂浆长度法进行碱活性检验。当检验出骨料中含有活性碳酸盐时，应采用岩石柱法进行碱活性检验。

经上述检验，当判定骨料存在潜在碱-碳酸盐反应危害时，不宜用作混凝土骨料，否则应通过专门的混凝土试验做最后评定。

当判定骨料存在潜在碱-骨料反应危害时，应控制混凝土中的碱含量不超过 $3kg/m^3$，或采用能抑制碱-骨料反应的有效措施。

五、外加剂

外加剂品种应通过试验室进行试配后确定，进场前要求提供商出具合格证和质保单等。

目前常用外加剂有高性能减水剂、高效减水剂、普通减水剂、引气减水剂、泵送剂、早强剂、缓凝剂、引气剂、膨胀剂、抗冻剂、抗渗剂等。

外加剂产品品质应均匀、稳定。为此，应根据外加剂品种，定期选测下列项目：固体含量或含水量、pH 值、比重、密度、松散容重、表面张力、起泡性、氯化物含量、主要成分含量（如硫酸盐含量、还原糖含量、木质素含量等）、钢筋锈蚀快速试验、净浆流动度、净浆减水率、砂浆减水率、砂浆含气量等。其质量应符合现行国家标准《混凝土外加剂》GB 8076 的规定。

六、粉煤灰

粉煤灰应符合现行国家标准《用于水泥和混凝土中粉煤灰》GB/T 1596 中的 I 级或

Ⅱ级各项技术性能及质量指标，粉煤灰进场前要求提供商出具合格证和质保单等，按批次对其细度等进行检验。

拌制水泥混凝土和砂浆时，作掺合料的粉煤灰成品应满足表 2-12 要求。

粉煤灰作水泥混凝土和砂浆掺合料的指标   表 2-12

序号	指标	级别		
		Ⅰ	Ⅱ	Ⅲ
1	细度（0.045mm 方孔筛筛余，%）不大于	12	20	45
2	需水量比，% 不大于	95	105	115
3	烧失量，% 不大于	5	8	15
4	含水量，% 不大于	1	1	不规定
5	三氧化硫，% 不大于	3	3	3

水泥生产中作活性混合材料的粉煤灰应满足表 2-13 要求。

粉煤灰作活性混合材料的指标   表 2-13

序号	指标	级别	
		Ⅰ	Ⅱ
1	烧失量，% 不大于	5	8
2	含水量，% 不大于	1	1
3	三氧化硫，% 不大于	3	3
4	28 天抗压强度比，% 不大于	75	62

七、矿粉

矿粉进场前要求提供商出具合格证和质保单等，按批次对其活性指数、氯离子含量、细度及流动度比等进行检验，应符合现行国家标准《用于水泥和混凝土中的粒化高炉矿渣粉》GB/T 18046 的规定，详见表 2-14。

矿粉技术指标要求   表 2-14

项目		级别		
		S105	S95	S75
密度/(g/cm³)≥		2.8		
比表面积/(m²/kg)≥		500	400	300
活性指数/%≥	7d	95	75	55
	28d	105	95	75
流动度比/%≥		95		
含水量（质量分数）/%≤		1.0		
三氧化硫（质量分数）/(%)≤		4.0		
氯离子（质量分数）/(%)≤		0.06		
烧失量（质量分数）/(%)≤		3.0		

注：1. 可根据用户要求协商提高。
    2. 选择性标准。当用户要求时，供货方应提供矿渣粉氯离子和烧失量数据。

八、拌合用水

混凝土拌合用水按水源可分为饮用水、地表水、地下水、以及经适当处理或处置后的工业废水（中水）、pH 值、碱含量、氯离子含量等进行检测，其指标应符合现行行业标准《混凝土拌合用水标准》JGJ 63 的规定，详见表 2-15。

混凝土拌合用水水质要求 表 2-15

项目	预应力混凝土	钢筋混凝土	素混凝土
pH 值	≥5.0	≥4.5	≥4.5
不溶物(mg/L)	≤2000	≤2000	≤5000
可溶物(mg/L)	≤2000	≤5000	≤10000
Cl^-(mg/L)	≤500	≤1000	≤3500
SO_4^{2-}(mg/L)	≤600	≤2000	≤2700
碱含量(mg/L)	≤1500	≤1500	≤1500

第二节　钢筋与钢材

一、钢筋

（一）钢筋是指钢筋混凝土用和预应力钢筋混凝土用钢材，包括光圆钢筋、带肋钢筋、扭转钢筋。

（二）钢筋混凝土用钢筋是指钢筋混凝土配筋用的直条或盘条状钢材，交货状态为直条（如图 2-1（a）所示）和盘圆（如图 2-1（b）所示）两种。

(a)　　　　　　　　　　　　　　　(b)

图 2-1　钢筋的交货状态
(a) 直跳钢筋；(b) 盘圆钢筋

（三）钢筋种类很多，通常按化学成分、生产工艺、轧制外形、供应形式、直径大小以及在结构中的用途进行分类，钢筋的分类见表 2-16。

序号	分类方式	类别	适用范围
1	轧制外形	光面钢筋	Ⅰ级钢筋(HPB300 钢钢筋)均轧制为光面圆形截面,供应形式有盘圆,直径不大于 10mm,长度为 6~12m
		带肋钢筋	有螺旋形、人字形和月牙形三种,一般Ⅱ、Ⅲ级钢筋轧制成人字形,Ⅳ级钢筋轧制成螺旋形及月牙形
		钢线	(分低碳钢丝和碳素钢丝两种)及钢绞线
		冷轧扭钢筋	经冷轧并冷扭成型
2	直径大小	钢丝	直径 3~5mm
		细钢筋	直径 6~10mm
		粗钢筋	直径大于 22mm
3	力学性能	Ⅰ级钢筋	235/370 级
		Ⅱ级钢筋	335/510 级
		Ⅲ级钢筋	370/570 级
		Ⅳ级钢筋	540/835 级
4	生产工艺	热轧、冷轧、冷拉的钢筋,还有以Ⅳ级钢筋经热处理而成的热处理钢筋,强度比前者更高	
5	在结构中的作用	受压钢筋、受拉钢筋、架立钢筋、分布钢筋、箍筋等	

钢筋及半成品钢筋的表示方法见表 2-17。

一般钢筋的表示方法　　　　　　　　　　　　　　　　　　表 2-17

名称	图例	名称	图例	名称	图例
钢筋断面		带直钩的钢筋端部		半圆形弯钩的钢筋塔接	
无弯钩的钢筋端部		带丝扣钢筋端部		半直钩的钢筋端部	
半圆形弯钩的钢筋端部		无弯钩的钢筋塔接		套管接头	

（四）钢筋性能指标

1. 钢筋应无有害的表面缺陷,按盘卷交货的钢筋应将头尾有害缺陷部分切除。钢筋表面不得用横向裂纹、结疤和折痕,允许有不影响钢筋力学性能和连接的其他缺陷。

2. 钢筋的弯曲度不得影响正常使用,钢筋每米弯曲度不应大于 4mm,总弯曲度不大于钢筋总长度的 0.4%。钢筋的端部应平齐,不影响连接器的通过。弯芯直径弯曲 180°后,钢筋受弯曲部位表面不得产生裂纹。

3. 构件连接钢筋采用套筒灌浆连接和浆锚搭接连接时,应采用热轧带肋钢筋。预制构件的吊环应采用未经冷加工的 HPB300 级钢筋制作。

4. 当预制构件中采用钢筋焊接网片配筋时,应符合现行行业标准《钢筋焊接网混凝土结构技术规程》JGJ 114 的规定。

5. 钢筋原材质量具体要求见表 2-18。

公称截面面积与理论重量

表 2-18

公称直径/mm	公称截面面积/ mm²	有效截面系数	理论截面面积/ mm²	理论重量/(kg/m)
6	33.18	0.95	34.9	0.261
8	50.27	0.95	52.9	0.395
10	78.54	0.95	82.7	0.617
12	113.1	0.95	119.1	0.888
14	153.9	0.95	162	1.21
16	201.1	0.95	211.7	1.58
18	254.5	0.95	267.9	2.11
20	314.2	0.95	330.7	2.47
22	380.1	0.95	400.1	2.98
25	490.9	0.94	522.2	4.10
28	615.8	0.95	648.2	4.83
32	804.2	0.95	846.5	6.65
36	1018	0.95	1071.6	7.99
40	1256.6	0.95	1322.7	10.34
50	1963.5	0.95	2066.88	16.28

二、螺旋肋钢丝

预应力混凝土用螺旋肋钢丝（公称直径 DN 为 4、4.8、5、6、6.25、7、8、9、10）的规格及力学性能，应符合现行国家标准《预应力混凝土用钢丝》GB/T 5223 的规定，详见表 2-19。

螺旋肋钢丝的力学性能

表 2-19

公称直径（mm）	抗拉强度（MPa）不小于	规定非比例伸长应力（MPa）不小于		最大力下总伸长率（10＝200 mm,%）不小于	弯曲次数/（次/180°）不小于	弯曲半径 R/mm	应力松弛性能		
		WLR	WNR				初始应力相当于公称抗拉强度的百分数/%	1000h 后应力松弛率不小于	
								WLR	WNR
4.00	1470	1290	1250	3.5	3	10	60	1.0	4.5
4.80	1570	1380	1330		4	15			
5.00	1670	1470	1410		4	15			
6.00	1470	1290	1250		4	15			
6.25	1570	1380	1330		4	20			
7.00	1670	1470	1410		4	20			
7.00	1770	1560	1500		4	20			
8.00	1570	1290	1250		4	20			
9.00	1470	1380	1330		4	25			
10.00	1470	1290	1250		4	25			
12.00	1470	1290	1250		4	30			

三、钢材

1. 钢材一般采用普通碳素钢。其中最常用的 Q235 低碳钢，其屈服点为 235MPa，抗拉强度为 375～500MPa。Q345 低合金高强度钢，其塑性、焊接性良好，屈服强度为 345MPa。

2. 预制构件吊装用内埋式螺母或吊杆及配套的吊具，应符合现行国家标准的规定。

3. 预埋件锚板用钢材应采用 Q235、Q345 级钢，钢材等级不应低于 Q235B；钢材应符合现行国家标准《碳素结构钢》GB/T 700 的规定。预埋件的锚筋应采用未经冷加工的热轧钢筋制作。

4. 装配整体式混凝土结构中，应积极推广使用高强度钢筋。预制构件纵向钢筋宜使用高强度钢筋，或将高强度钢材用于制作承受动荷载的金属结构件。

四、焊接材料

1. 手工焊接用焊条质量，应符合现行国家标准《碳钢焊条》GB/T 5117、《低合金钢焊条》GB/T 5118 的规定。选用的焊条型号应与主体金属相匹配。

2. 自动焊接或半自动焊接采用的焊丝和焊剂，应与主体金属强度相适应，焊丝应符合《熔化焊用钢丝》GB/T 14957 或《气体保护焊用钢丝》GB/T 14958 的规定。

3. 锚筋（HRB400 级钢筋）与锚板（Q235B 级钢）之间的焊接，可采用 T50X 型。Q235B 级钢之间的焊接可采用 T42 型。

第三节　常用模板及支撑材料

一、木模板、木方

（一）模板

所用模板为 12mm 或 15mm 厚竹、木胶板，材料各项性能指标必须符合要求。竹、木胶板的力学性能见表 2-20、表 2-21。

覆面竹胶板的力学性能　　　　　　　　　　　　　　　　　表 2-20

规格	抗弯强度	弹性模量
12～15mm 厚胶板	37N/mm²（三层）	10584N/mm²
	35N/mm²（五层）	9898N/mm²

木胶板的力学性能　　　　　　　　　　　　　　　　　表 2-21

规格	抗弯强度	弹性模量
12mm 厚木胶板	16N/mm²	4700N/mm²
15mm 厚木胶板	17N/mm²	5000N/mm²

（二）木方

木方的含水率不大于 20％。

霉变、虫蛀、腐朽、劈裂等不符合一等材质木方不得使用，木方（松木）的力学性能见表 2-22。

木方（松木）的力学性能　　　　　　　　　　　　　　表 2-22

规格	剪切强度	抗弯强度	弹性模量
50mm×70mm	1.7N/mm²	17N/mm²	10000N/mm²

木材材质标准符合现行国家标准《木结构设计规范》GB 50005 的规定，详见表 2-23。

模板结构或构件的木材材质等级　　　　　　　　　　　表 2-23

项次	主要用途	材质等级
1	受拉或拉弯构件	Ⅰa
2	受压或压弯构件	Ⅱa
3	受压构件	Ⅲa

（三）木脚手板

选用 50mm 厚的松木质板，其材质符合现行国家标准《木结构设计规范》GB 50005 中对Ⅱ级木材的规定。木脚手板宽度不得小于 200mm；两头须用 8♯铅丝打箍；腐朽、劈裂等不符合一等材质的脚手板禁止使用。

（四）垫板

垫板采用松木制成的木脚手板，厚度 50mm，宽度 200mm，板面挠曲≤12mm，板面扭曲≤5mm，不得有裂纹。

二、钢模板

（一）钢材选用采用现行国家标准《碳素结构钢》GB 700 中的相关标准。一般采用 Q235 钢材。

（二）模板必须具备足够的强度、刚度和稳定性，能可靠地承受施工过程中的各种荷载，保证结构物的形状尺寸准确。模板设计中考虑的荷载为：

1. 计算强度时考虑：浇筑混凝土对模板的侧压力＋倾倒混凝土时产生的水平荷载＋振捣混凝土时产生的荷载；

2. 验算刚度时考虑：浇筑混凝土对模板的侧压力＋振捣混凝土时产生的荷载；

3. 钢模板加工制作允许偏差

钢模加工宜采用数控切割，焊接宜采用二氧化碳气体保护焊。

模板接触面平整度、板面弯曲、拼装缝隙、几何尺寸等应满足相关设计要求，允许偏差及检验方法应符合相关标准规定。

三、钢管及配件

（一）钢管

1. 选用 Φ48.3mm×3.6mm 焊接钢管，并符合《直缝电焊钢管》GB/T 13973 或《低压流体输送用焊接钢管》GB/T 3091 中规定的 Q235-A 级钢，其材性应符合《碳素结构钢》GB700 的相应规定，用于立杆、横杆、剪刀撑和斜杆的长度为 4.0～6.0m。

2. 报废标准：钢管弯曲、压扁、有裂纹或严重锈蚀。

3. 安全色：防护栏杆为红白相间色。

Q235 钢材的强度设计值与弹性模量见表 2-24。

Q235 钢材的强度设计值与弹性模量　　　　　　　　　表 2-24

抗拉、抗弯 fu	抗压 fc	弹性模量 E
205N/mm²	205N/mm²	2.06×10⁵N/mm²

（二）扣件

1. 扣件采用机械性能不低于 KTH330－08 的可锻铸铁或铸钢制造，并应满足《钢管脚手架扣件》GB 15831 的规定。铸件不得有裂纹、气孔。

2. 扣件与钢管的贴合面必须严格整形，保证与钢管扣紧时接触良好，当扣件夹紧钢管时，开口外的最小距离不小于 5mm。

3. 扣件活动部位能灵活转动，旋转扣件的两旋转面间隙小于 1mm。

扣件表面进行防锈处理。

扣件螺栓拧紧扭力矩值不应小于 40N·m，且不应大于 65N·m。

（三）U 形托撑

力学指标必须符合规范要求：U 形可调托撑受压承载力设计值不小于 40kN，支托板厚度不小于 5mm。螺杆外径不得小于 36mm，直径与螺距应符合现行国家标准《梯形螺纹第 2 部分：直径与螺距系列》GB/T 5796.2 和《梯形螺纹第 2 部分：直径与螺距系列》GB/T5796.3 的规定。螺杆与支托板焊接应牢固，焊缝高度不得小于 6mm，螺杆与螺母旋合长度不得少于 5 扣，螺母厚度不得小于 30mm。

（四）钢管脚手架系统的检查与验收：钢管应有产品质量合格证并符合相关规范规定要求，扣件的质量应符合相关规定的使用要求，木脚手板的宽度不宜小于 200mm，厚度不小于 50mm，可调托撑及构配件质量应符合规范要求。

1. 新钢管的检查应符合下列规定：

（1）应有产品质量合格证；

（2）应有质量检验报告钢管材质检验方法符合现行国家标准《金属拉伸试验方法》GB/T 228 的有关规定；

（3）钢管质量符合现行行业标准《建筑施工扣件式钢管脚手架安全技术规范》JGJ 130 中 3.1.1 的规定；

（4）钢管表面应平直光滑不得有裂缝、结疤、分层、错位、硬弯、毛刺、压痕和深的划道；

（5）钢管外径壁厚端面等的偏差分别符合表 2-25 的规定。

允许偏差表 表 2-25

序号	项目	允许偏差 Δ（mm）	检查工具
1	焊接钢管尺寸（mm） 外径 48.3；壁厚 3.6	±0.5 ±0.36	游标卡尺
2	钢管两端面切斜偏差	1.70	塞尺、拐角尺
3	钢管外表面锈蚀深度	≤0.18	游标卡尺
4	a. 各种杆件钢管的端部弯曲，L≤1.5m	≤5	钢板尺
	b. 立杆钢管弯曲 3m<L≤4m；4m<L≤6.5m	≤12 ≤20	
	c. 水平杆、斜杆的钢管弯曲，L≤6.5m	≤30	
5	冲压钢脚手板 a. 板面挠曲，L≤4m；L>4m	≤12 ≤16	钢板尺
	b. 板面扭曲（任一角翘起）	≤5	
6	可调托撑支托板变形	1.0	钢板尺 塞尺

（6）钢管必须涂有防锈漆。

2．旧钢管的检查应符合下列规定：

（1）表面锈蚀深度符合《建筑施工扣件式钢管脚手架安全技术规范》JGJ 130表8.1.8的规定。

（2）检查时在锈蚀严重的钢管中抽取三根，在每根锈蚀严重的部位横向截断取样检查，当锈蚀深度超过规定值时不得使用。

（3）钢管弯曲变形符合表2-25的规定。

3．扣件的验收符合下列规定：

1）新扣件应有生产许可证法定检测单位的测试报告和产品质量合格证，当对扣件质量有怀疑时，按现行国家标准《钢管脚手架扣件》GB 15831 的规定抽样检测。

2）旧扣件使用前应进行质量检查，有裂缝变形的严禁使用，出现滑丝的螺栓必须更换。

3）新旧扣件均进行防锈处理。

4）螺栓拧紧扭力矩达到65N·m时，不得发生破坏。

4．木脚手板的检查符合下列规定：

木脚手板的宽度不宜小于200mm，厚度不小于50mm，腐朽的脚手板不得使用。

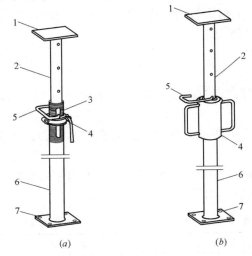

图 2-2　独立钢支柱支撑

（a）外螺纹钢支柱；（b）内螺纹钢支柱

1—支撑头；2—插管；3—调节螺管；4—调节螺母；5—销栓；6—套管；7—底座

5．可调托撑：

可调托撑外径不得小于 36mm；螺杆与支托板焊接应牢固，焊缝高度不得小于6mm；可调托撑螺杆与螺母旋合长度不得少于 5 扣，螺母厚度不得小于 30mm；可调托撑受压承载力设计值不应小于 40kN，支托板厚度不应小于 5mm。

四、独立钢支撑、斜撑

（一）主要构配件

1．独立钢支柱支撑系统由独立钢支柱支撑、水平杆或三脚架组成。

独立钢支柱支撑由插管、套管和支撑头组成，分为外螺纹钢支柱和内螺纹钢支柱，如图 2-2所示。套管由底座、套管、调节螺管和调节螺母组成。插管由开有销孔的钢管和销栓组成。支撑头可采用板式顶托或 U 型支撑。

2．连接杆宜采用普通钢管，钢管应有足够的刚度。三脚架宜采用可折叠的普通钢管制作，应具有足够的稳定性。

（二）材料要求

1．独立钢支柱支撑的主要构配件材质应符合表 2-26 的规定。

独立钢支柱的主要构配件材质　　　　　　表 2-26

名称	插管	套管	调节螺管	调节螺母	销栓	底座	支撑头
材质	Q235B 或 Q345	Q235B 或 Q345	20 号无缝钢管	ZG270-500	镀锌热轧光圆钢筋	Q235B	Q235B

2. 插管、套管应符合现行国家标准《直缝电焊钢管》GB/T 13793、《低压流体输送用焊接钢管》GB/T 3091 中的 Q235B 或 Q345 级普通钢管的要求，其材质性能应符合现行国家标准《碳素结构钢》GB/T 700 或《低合金高强度结构钢》GB/T 1591 的规定。

插管规格宜为 $\Phi 48.3mm \times 2.6mm$，套管规格宜为 $\Phi 57mm \times 2.4mm$，钢管壁厚（t）允许偏差为 ±10%。插管下端的销孔宜采用 $\Phi 13mm$、间距 125mm 的销孔，销孔应对称设置；插管外径与套管内径间隙应小于 2mm；插管与套管的重叠长度不小于 280mm。

3. 底座宜采用钢板热冲压整体成型，钢板性能应符合现行国家标准《碳素结构钢》GB/T700 中 Q235B 级钢的要求，并经 600～650℃ 的时效处理。底座尺寸宜为 150mm×150mm，板材厚度不得小于 6mm。

4. 支撑头宜采用钢板制造，钢板性能应符合现行国家标准《碳素结构钢》GB/T 700 中 Q235B 级钢的要求。支撑头尺寸宜为 150mm×150mm，板材厚度不得小于 6mm。支撑头受压承载力设计值不应小于 40kN。

5. 调节螺管规格应不小于 57mm×3.5mm，应采用 20 号无缝钢管，其材质性能应符合现行国家标准《结构用无缝钢管》GB/T 8162 的规定。调节螺管的可调螺纹长度不小于 210mm，孔槽宽度不应小于 13mm，长度宜为 130mm，槽孔上下应居中布置。

6. 调节螺母应采用铸钢制造，其材料机械性能应符合现行国家标准《一般工程用铸造碳钢件》GB 11352 中 ZG270-500 的规定。调节螺母与可调螺管啮合不得少于 6 扣，调节螺母高度不小于 40mm，厚度应不小于 10mm。

7. 销栓应采用镀锌热轧光圆钢筋，其材料性能应符合现行国家规范《钢筋混凝土用钢第 1 部分热轧光圆钢筋》GB 1499.1 的相关规定。销栓直径宜为 $\Phi 12mm$，抗剪承载力不应小于 60kN。

（三）质量要求

1. 构配件应由专业厂家负责生产。生产厂家应对构配件外观和允许偏差项目进行质量检查，并应委托具有相应检测资质的机构对构配件进行力学性能试验。

2. 构配件应按照现行国家标准《计数抽样检验程序第 1 部分：按接收限（AQL）检索的逐批检验抽样计划》GB/T 2828.1 的有关规定进行随机抽样。

3. 构配件外观质量应符合下列要求：

插管、套管应光滑、无裂纹、无锈蚀、无分层、无结疤、无毛刺等，不得采用横断面接长的钢管；插管、套管钢管应平直，直线度允许偏差不应大于管长的 1/500，两端应平整，不得有斜口、毛刺；各焊缝应饱满，焊渣应清除干净，不得有未焊透、夹渣、咬边、裂纹等缺陷。

构配件防锈漆涂层应均匀，附着应牢固，油漆不得漏、皱、脱、淌；表面镀锌的构配件，镀锌层应均匀一致。

主要构配件上应有不易磨损的标识，应标明生产厂家代号或商标、生产年份、产品规格和型号。

（四）国内部分独立钢支撑技术参数

1. 独立钢支撑一般用工具式钢管立柱性能 CH 型和 YJ 型工具式钢管支柱的规格和力学性能应符合表 2-27 和表 2-28 的规定。另有部分企业自行开发了其他独立钢支撑。如图 2-3（a）、图 2-3（b）所示。

CH、YJ型钢管支柱规格   表 2-27

项目 \ 型号	CH			YJ		
	CH-65	CH-75	CH-90	YJ-18	YJ-22	YJ-27
最小使用长度(mm)	1812	2212	2712	1820	2220	2720
最大使用长度(mm)	3062	3462	3962	3090	3190	3990
调节范围(mm)	1250	1250	1250	1270	1270	1270
螺旋调节范围(mm)	170	170	170	70	70	70
容许荷载 最小长度时(kN)	20	20	20	20	20	20
容许荷载 最大长度时(kN)	15	15	12	15	15	12
重量(kN)	0.124	0.132	0.148	0.1387	0.1499	0.1639

CH 、YJ型钢管支柱力学性能   表 2-28

项目		直径(mm)		壁厚(mm)	截面面积(mm²)	惯性矩 I(mm⁴)	回转半径 i(mm)
		外径	内径				
CH	插管	48.6	43.8	2.4	348	93200	16.4
CH	套管	60.5	55.7 ·	2.4	438	185100	20.6
YJ	插管	48	43	2.5	357	92800	16.1
YJ	套管	60	55.4	2.3	417	173800	20.4

图 2-3 支撑示意

(*a*) 支撑件；(*b*) 顶板支撑；(*c*) 墙板支撑实景图；(*d*) 外墙板支撑实景图

2. 斜支撑为安装剪力墙结构中内墙板和外墙板、框架结构中外挂板时的固定支撑，如图 2-3 (c)、图 2-3 (d) 所示。

其技术标准见表 2-29、表 2-30：

表 2-29

内墙支撑规格(mm)								
调节长度		外管			内管			插销
最短长度	最长长度	外径	长度	壁厚	外径	长度	壁厚	直径
2000	3000	Φ60	1385	2	Φ48	1998	2	Φ14
承载力 13～22kN								

表 2-30

外墙支撑规格(mm)								
调节长度		外管			内管			插销
最短长度	最长长度	外径	长度	壁厚	外径	长度	壁厚	直径
2000	3000	Φ60	1385	2	Φ48	1998	2	Φ14
900	1500	Φ60	850	2	Φ48	920	2	Φ14
承载力 13～22kN								

第四节　保温材料、拉结件和预留预埋件

一、保温材料

预制混凝土墙体保温形式主要有外保温、内保温和墙体自保温三种形式，其中夹心外墙板多采用挤塑聚苯板或聚氨酯保温板。

（一）挤塑聚苯板主要性能指标应符合表 2-31 的要求，其他性能指标应符合《绝热用模塑聚苯乙烯泡沫塑料》GB/T 10801.1 标准要求。

挤塑聚苯板性能指标要求 表 2-31

项目	单位	性能指标	试验方法
密度	kg/m³	30～35	GB/T 6364
导热系数	W/(m·k)	≤0.03	GB/T 10294
压缩强度	MPa	≥0.2	GB/T 8813
燃烧性能	级	不低于 B_2 级	GB 8624
尺寸稳定性	％	≤2.0	GB/T 8811
吸水率(体积分数)	％	≤1.5	GB/T 8810

（二）聚氨酯保温板主要性能指标应符合表 2-32 的要求，其他性能指标应符合《聚氨酯硬泡复合保温板》JG/T 314 标准要求。

二、墙板保温拉接件

（一）墙板保温拉接件（如图 2-4 所示）是用于连接预制保温墙体内、外层混凝土墙板，传递墙板剪力，以使内外层墙板形成整体的连接器。

聚氨酯保温板性能指标要求　　　　　　　　　　　　　　　表 2-32

项目	单位	性能指标	试验方法
表观密度	kg/m³	≥32	GB/T 6343
导热系数	W/(m·k)	≤0.024	GB/T 10294
压缩强度	MPa	≥0.15	GB/T 8813
拉伸强度	MPa	≥0.15	GB/T 9641
吸水率(体积分数)	%	≤3	GB/T 8810
燃烧性能	级	不低于 B₂ 级	GB 8624
尺寸稳定性	%	80℃ 48h≤1.0 -30℃ 48h≤1.0	GB/T 8811

（二）拉结件多选用纤维增强复合材料或不锈钢加工制成。夹心外墙板中，内外叶墙板的拉结件应符合下列规定：

1. 金属及非金属材料拉结件均应具有规定的承载力、变形和耐久性能，并应经过试验验证。拉结件应满足防腐和耐久性要求。

2. 拉结件应满足夹心外墙板的节能设计要求。

3. 不锈钢连接件的性能参照相关标准和试验数据，或参考相关国外技术标准。例如哈芬 SPA 夹芯板锚固件按照德国标准最小抗拉强度 800MPa、最小抗压强度 480MPa 进行检验。

（三）拉结件宜选用玻璃纤维增强非金属连接件（如图 2-5 所示），应满足防腐和耐久性要求，玻璃纤维连接件性能指标应符合表 2-33 的规定。

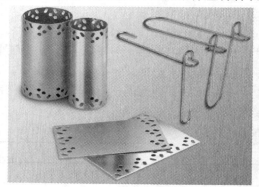

图 2-4　不锈钢拉接件

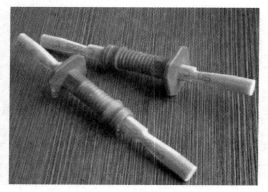

图 2-5　玻璃纤维拉结件

玻璃纤维连接件性能　　　　　　　　　　　　　　　　表 2-33

项目	单位	性能指标	试验方法
拉伸强度	MPa	≥600	GB/T 1447
拉伸弹性模量	GPa	≥35	
弯曲强度	MPa	≥600	GB/T 1449
弯曲弹性模量	GPa	≥35	
剪切强度	MPa	≥50	ASTM D2344/ D2344M-00(2006)
导热系数	W/(m·k)	≤2.0	GB/T 10294

三、预留预埋件

（一）预埋件

通常预埋件由锚板和锚筋（直锚筋、弯折锚筋）组成。

其中受力预埋件的锚筋多为 HRB400 或 HPB300 钢筋，很少采用冷加工钢筋。

预埋件的受力直锚筋不宜少于四根，且不宜多于四排。其直径不宜小于 8mm，且不宜大于 25mm。受剪切预埋件的直锚筋可采用两根。受力锚板的锚板宜采用 Q235、Q345 钢材。直锚筋与锚板应采用 T 形焊。

预埋件的锚筋位置应位于构件外层主筋的内侧。采用手工焊接时，焊缝高度不宜小于 6mm 和 0.5d（HPB300 级）或 0.6d（HRB400 级）。

（二）吊环

传统吊环根据构件的大小、截面尺寸，确定在构件内的深入长度、弯折形式。

吊环应采用 HPB300 级钢筋弯制，严禁使用冷加工钢筋。

吊环的弯心直径为 2.5d，且不得小于 60mm。吊环锚入混凝土的深度不应小于 30d，并应焊接或绑扎在钢筋上。埋深不够时，可焊接在主筋上。

（三）新型预埋件

目前在预制构件中使用了大量的新型预埋件，例如：圆形吊钉、内螺旋吊点、卡片式吊点等。具有隐蔽性强、后期处理简单等优点。但需通过专门的接驳器，才能与传统的卡环、吊钩连接使用。

使用前，要根据构件的尺寸、重量，经过受力计算后，选择适合的吊点，确保使用安全。

（四）预留管线（盒）

叠合板中的预留，主要有上下水管、通风道等孔洞预留。

内外墙板中预留，主要是线盒、闸室、与现浇叠合层管线对接口等孔洞预留。

（五）其他要求

1. 预埋件的材料、品种、规格、型号应符合国家相关标准规定和设计要求。

预埋件的防腐防锈应满足现行国家标准《工业建筑防腐蚀设计规范》GB 50046 和《涂装前钢材表面锈蚀等级和防锈等级》GB/T 8923 的规定。

2. 管线的材料、品种、规格、型号应符合国家相关标准规定和设计要求。

管线的防腐防锈应满足现行国家标准《工业建筑防腐蚀设计规范》GB 50046 和《涂装前钢材表面锈蚀等级和防锈等级》GB/T 8923 的规定。

第五节　钢筋连接套筒及灌浆料

一、钢筋连接套筒

（一）概念及分类

通过水泥基灌浆料的传力作用将钢筋对接连接所用的金属套筒称为钢筋连接套筒，通常采用铸造工艺或者机械加工工艺制造。

装配整体式混凝土结构中构件连接使用的钢筋连接套筒，一般分为全灌浆连接套筒（如图 2-6 所示）、半灌浆连接套筒（如图 2-7 所示）。还有异型套筒，如变直径钢筋连套筒等。

全灌浆连接套筒上下两端均为插入钢筋灌浆连接；半灌浆套筒一端为直螺纹套丝连接，一端为插入钢筋灌浆连接。其中半灌浆套筒具有体积相对较小、价格较低的优点。

图 2-6　全灌浆套筒

图 2-7　半灌浆套筒

（二）套筒标志标识

套筒表面应刻印清晰、持久性标志；标志应至少包括厂家代号、套筒类型代号、特性代号、主参数代号及可追溯材料性能的生产批号等信息，生产批最大可为同炉号、同规格套筒。套筒批号应与原材料检验报告、发货凭单、产品检验记录、产品合格证等记录相对应。

套筒的型号主要由类型代号、特征代号、主参数代号和产品更新变形代号组成。

套筒型号表示如下：

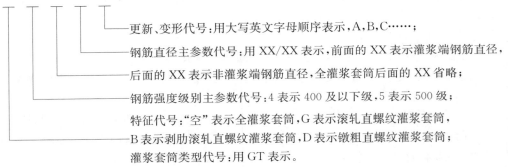

更新、变形代号：用大写英文字母顺序表示，A，B，C……；

钢筋直径主参数代号：用 XX/XX 表示，前面的 XX 表示灌浆端钢筋直径，后面的 XX 表示非灌浆端钢筋直径，全灌浆套筒后面的 XX 省略；

钢筋强度级别主参数代号：4 表示 400 及以下级，5 表示 500 级；

特征代号："空"表示全灌浆套筒，G 表示滚轧直螺纹灌浆套筒，B 表示剥肋滚轧直螺纹灌浆套筒，D 表示镦粗直螺纹灌浆套筒；

灌浆套筒类型代号：用 GT 表示。

示例：

连接 400 级钢筋、直径 40mm 的全灌浆套筒表示为：GT4 40。

连接 500 级钢筋、灌浆端直径为 36mm、非灌浆端直径为 32mm 的剥肋滚轧直螺纹灌浆套筒表示为：GTB5 36/32A。

（三）质量要求

1. 套筒采用铸造工艺制造时宜选用球墨铸铁，套筒采用机械加工工艺制造时宜选用优质碳素结构钢、低合金高强度结构钢、合金结构钢或其他经过形式检验确定符合要求的钢材。

采用球墨铸铁制造的套筒，材料应符合《球墨铸铁》GB/T 1348 的规定，其材料性能应符合表 2-37 的规定。

采用优质碳素结构钢、低合金高强度结构钢、合金结构钢加工的套筒，其材料的机械性能应符合《优质碳素结构钢》GB/T 699、《无缝钢管》GB/T 8162、《低合金高强度结构钢》GB/T 1591 和《合金结构钢》GB/T 3077 的规定，同时尚应符合表 2-34 的规定。

套筒材料性能　　　　　　　　　　　　　　　　表 2-34

项目	单位	性能指标	试验方法
抗拉强度	MPa	≥600	
延伸率	%	钢材类≥16	JG/T 398
		球墨铸铁≥3	
屈服强度（钢材类）	MPa	≥355	
球化率（球墨铸铁）	%	≥85	

2. 尺寸偏差

套筒的尺寸偏差应符合表 2-35 的规定。

套筒尺寸偏差表　　　　　　　　　　　　　　　表 2-35

序号	项目	铸造套筒	机械加工套筒
1	长度允许偏差	±(1‰×1)mm	±2.0mm
2	外径允许偏差	±1.5mm	±0.8mm
3	壁厚允许偏差	±1.2mm	±0.8mm
4	锚固段环形突起部分的内径允许偏差	±1.5mm	±1.0mm
5	锚固段环形突起部分的内径最小尺寸与钢筋公称直径差值	≥10mm	≥10mm
6	直螺纹精度	—	GB/T 197 中 6H 级

3. 外观

铸造的套筒表面不应有夹渣、冷隔、砂眼、气孔、裂纹等影响使用性能的质量缺陷。

机械加工的套筒表面不得有裂纹或影响接头性能的其他缺陷；套筒端面和外表面的边棱处应无尖棱、毛刺。

套筒外表面应有清晰醒目的生产企业标识、套筒型号标志和套筒批号。

套筒表面允许有少量的锈斑或浮锈，不应有锈皮。

钢筋连接灌浆套筒应符合现行行业标准《钢筋连接用灌浆套筒》JG/T 398 的规定。

二、灌浆料

钢筋连接用灌浆套筒灌浆料以水泥为基本材料，配以适当的细骨料以及混凝土外加剂和其他材料组成的干混料，加水搅拌后具有良好的流动性、早强、高强、微膨胀等性能。填充于套筒和带肋钢筋间隙之间，起到传递受力、握裹连接钢筋于同一点的作用。

套筒灌浆料应符合现行行业标准《钢筋连接用套筒灌浆料》JG/T 408 的规定。钢筋套筒灌浆连接接头应符合现行行业标准《钢筋套筒灌浆连接应用技术规程》JGJ 355 的规定。

第六节　外墙装饰材料及防水材料

一、外墙装饰材料

预制外墙板可采用涂料饰面，也可采用面砖或石材饰面。涂料和面砖等外装饰材料质量应满足现行相关标准和设计要求。

当采用面砖饰面时，宜选用背面带燕尾槽的面砖，燕尾槽尺寸应符合工程设计和相关标准要求。

当采用石材饰面时，厚度 30mm 以上的石材应对石材背面进行处理，并安装不锈钢卡勾，卡勾直径不应小于 4mm。

二、外墙防水密封材料

外墙接缝材料防水密封对密封材料的性能有一定要求。用于板缝材料防水的合成高分子材料，主要品种有硅酮密封胶、聚硫建筑密封胶、丙烯酸酯建筑密封胶、聚氨酯建筑密封胶等几种。主要性能要求如下：

（一）较强黏结性能

与基层黏结牢固，使构件接缝形成连续防水层。同时要求密封胶用于竖缝部位时不下垂，用于平缝时能够自流平。

（二）良好的弹塑性

由于外界环境因素的影响，外墙接缝会随之发生变化，这就要求防水密封材料必须有良好的弹塑性，以适应外力的条件而不发生断裂、脱落等。

（三）较强的耐老化性能

外墙接缝材料要承受暴晒、风雪及空气中酸碱的侵蚀。这就要求密封材料要有良好的耐候性、耐腐蚀性。

（四）施工性能

要求密封胶有一定的储存稳定性，在一定期内不应发生固化，便于施工。

（五）装饰性能

防水密封材料还应具有一定的色彩，达到与建筑外装饰的一致性。

墙板接缝所用的防水密封材料应选用耐候性密封胶，密封胶应与混凝土具有相容性，并具有低温柔性、防霉性及耐水性等性能，其最大伸缩变形量、剪切变形性等均应满足设计要求。其性能应满足现行国家标准《混凝土建筑接缝用密封胶》JC/T 881 的规定。

硅酮、聚氨酯、聚硫建筑密封胶应分别符合现行国家标准《硅酮建筑密封胶》GB/T 14683、《聚氨酯建筑密封胶》JC/T 482、《聚硫建筑密封胶》JC/T 483 的规定。接缝中的背衬应采用发泡氯丁橡胶或聚乙烯塑料棒。

第三章 工 程 识 图

第一节 建 筑 图 纸

一、建筑工程基本知识

建筑物按其使用功能，通常分为工业建筑和民用建筑。其中民用建筑根据建筑物的使用功能又分为居住建筑和公共建筑。居住建筑是指供人们生活起居用的建筑物，如住宅、宿舍、公寓等；公共建筑是指供人们进行各项公共社会活动的建筑物，如商场、学校、医院、办公楼、汽车站、影剧院等。

民用建筑按建筑规模和数量可分为大量民用建筑和大型民用建筑。大量民用建筑指建造数量较多、相似性大的建筑，如住宅、宿舍、商店、医院、学校等；大型民用建筑指建造数量较少，但单幢建筑体量大的建筑，如大型体育馆、影剧院、航空站、火车站等。

各种不同的建筑物，尽管它们的使用要求、空间组合、外形处理、结构形式、构造方式及规模大小等方面有各自的特点，但其基本构造是相似的。它们是由基础、墙或柱、楼板、地面、楼梯、屋顶、门窗等部分以及其配件和设施，如通风道、垃圾道、阳台、雨篷、雨水管、勒脚、散水、明沟等组成。

二、建筑工程施工图的内容

（一）基本概念

建筑工程施工图简称"施工图"，是表示工程项目总体布局，建筑物的外部形状、内部布置、结构构造、内外装修、材料做法以及设备、施工等要求的图样。具有图纸齐全、表达准确、要求具体的特点。一套完整的建筑工程施工图，一般包括图纸目录（如图 3-1 所示）、设计总说明（如图 3-2 所示）、建筑施工图（简称建施）、结构施工图（简称结施）、给排水、采暖通风及电气施工图等内容，也可将给排水、采暖通风和电气施工图合在一起统称设备施工图（简称设施）。

（二）主要内容

1. 建筑施工图（简称建施）

主要表示房屋的总体布局、内外形状、大小、构造等。其形式有总平面图、平面图、立面图、剖面图、详图等（如图 3-3 所示）。

2. 结构施工图（简称结施）

主要表示房屋的承重构件的布置、构件的形状、大小、材料、构造等。其形式有基础平面图、基础详图、结构平面图、构件详图等（如图 3-4 所示）。

3. 设备施工图（简称设施）

内容有给水排水、采暖通风、电气照明等各种施工图（如图 3-5 所示）。

图号	图　　　名	规格
建施01	总平面定位图	A2　1:500
建施02	建筑设计说明一	A1
建施03	建筑设计说明二 门窗表	A2
建施04	建筑做法说明	A2
建施05	节能设计专篇	A2
建施06	地下二层平面图	A2+　1:100
建施07	地下一层平面图	A2+　1:100
建施08	一层平面图	A2+　1:100
建施09	二层平面图	A2+　1:100
建施10	三层平面图	A2+　1:100
建施11	四至二十层平面图	A2+　1:100
建施12	二十一层平面图	A2+　1:100
建施13	机房层平面图	A2+　1:100
建施14	屋顶平面图	A2+　1:100

图 3-1　图纸目录示样图

1）给水排水施工图

给水排水施工图主要有用水设备、给水管和排水管的平面布置图及上下水管的透视图和施工详图等。

2）采暖通风施工图（简称暖施）

采暖通风施工图主要有调节室内空气温度用的设备与管道平面布置图、系统图和施工详图等。

3）电气设备施工图（简称电施）

电气设备施工图主要有室内电气设备、线路用的平面布置图及系统图和施工详图等。

三、建筑工程施工图的用途

建筑工程施工图，它是设计工作的最后成果，是进行工程施工、编制施工图预算和施工组织设计的依据，是进行施工技术管理的重要技术文件，是审批建筑工程项目的依据；在生产施工中，它是备料和施工的依据；当工程竣工时，要按照工程图的设计要求进行质量检查和验收，并以此评价工程质量优劣；建筑工程图还是编制工程概算、预算和决算及审核工程造价的依据。

建筑工程施工图是具有法律效力的技术文件。因此必须做好熟悉设计图纸这一准备工作。故开工之初技术人员及项目部主要负责人应根据预制计划单对预制任务的紧急情况对模板数量、钢筋加工及预制顺序进行安排；及时熟悉施工图纸，及时了解使用单位的预制意图，了解预制构件的钢筋、模板的尺寸和形式及混凝土浇筑工程量及基本的浇筑方式，以求在施工中达到优质、高效及经济的目的。

四、建筑工程施工图的图例

（一）标题联和会签栏

一张图一般有标题栏，其内容主要有工程名称、设计、审核、绘图、负责人签字栏

建筑设计总说明（一）

一、工程概况

1. 工程名称：西城·济水上苑二区17#楼
2. 建设单位：济南西城投资开发集团有限公司
3. 建设地点：山东省济南市
4. 建筑面积：总建筑面积18984.41m²
5. 建筑层数：地上21层，地下2层
   建筑高度：61.50m。（室外地坪至屋顶）
6. 本工程为高层住宅住宅设计使用年限50年，耐火等级一级，地震强度6度设防。
7. 结构类型：现浇钢筋混凝土剪力墙结构
8. 建筑物设计标高±0.000相当于绝对标高的27.85m。

二、设计依据

1.《民用建筑设计通则》 GB50352—2005
2.《高层民用建筑设计防火规范》 GB50045—95—2005版
3.《中华人民共和国工程建设标准强制性条文（房屋建筑部分）
4.《无障碍设计规范》 GB50763—2012
5.《严寒和寒冷地区居住建筑节能设计标准》 JGJ26—2010
6.《居住建筑节能设计标准》
7.《建筑内部装修设计防火规范》 GB50222—95(2001年版)
8.《屋面工程技术规范》 GB50345—2012
9.《建筑外门窗气密、水密、抗风压性能分级及检测方法》(GB/T 7106—2008)
10.《建筑采光设计标准》 GB50033—2013
11. 城市规划部门批准得到本工程设计图纸。
12. 建设单位提供有关本工程施工图设计的资料文件。
13. 国家现行各种建筑规范规程和地方有关规定。

本设计墙体材料种类及图例：

加气混凝土砌块墙（比例小于1:100）
加气混凝土砌块墙（比例大于1:50）
钢筋混凝土墙（比例小于1:100）
钢筋混凝土墙（比例大于1:50）
防水材料（比例大于1:50）
轻骨料混凝土（比例大于1:50）
保温层（比例大于1:50）
消火栓

（二）楼地面工程

1. 块材经挑选后，颜色、规格应一致，有缺陷的应删除，粘接用的砂浆色由比应符合设计要求，地砖应选用防滑槽产品，规格及颜色须由设计院和甲方认可后方可施工。
2. 卫生间楼面完成面比相应楼面标高做20mm；有水房间楼面均从门槛起以向地漏做1%坡。
3. 各工种楼面穿预留钢套管或预留孔洞，安装测试完毕后用比楼板混凝土强度等级高一级的细石混凝土填实。
用比楼板混凝土强度等级高一级的细石混凝土填实。

（三）防水工程

1. 地下室工程执行《地下工程防水技术规范》GB50108—2008和地方的有关规程和规定。
1)防水等级及设防要求：本工程地下工程防水等级为一级；设防要求如下：
主体采复合附式水泥基渗透结晶型防水涂料，施工缝采用中埋式
主体复合双层高聚物改性沥青防水卷材防水措施。后浇带采用补偿收缩膨胀混凝土复合混凝土膨胀
止水条及外贴式止水带防水措施。
止水条水泥混凝土结构上层构造≥250mm；裂缝宽度不得大于0.2mm，并不得贯通。
2)迎水面钢筋保护层厚度≥50mm。防水混凝土应通过调整配合比，掺用加剂。

图3-2 设计总说明示样图

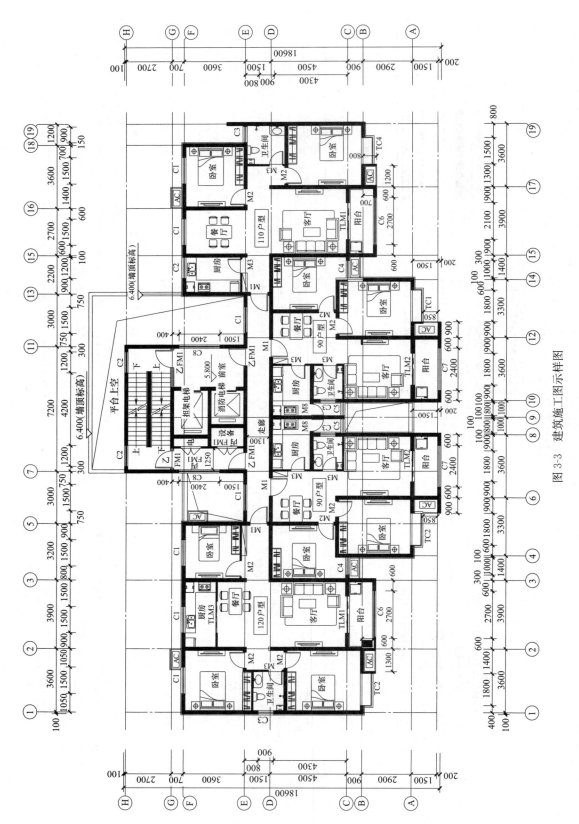

图 3-3 建筑施工图示样图

40

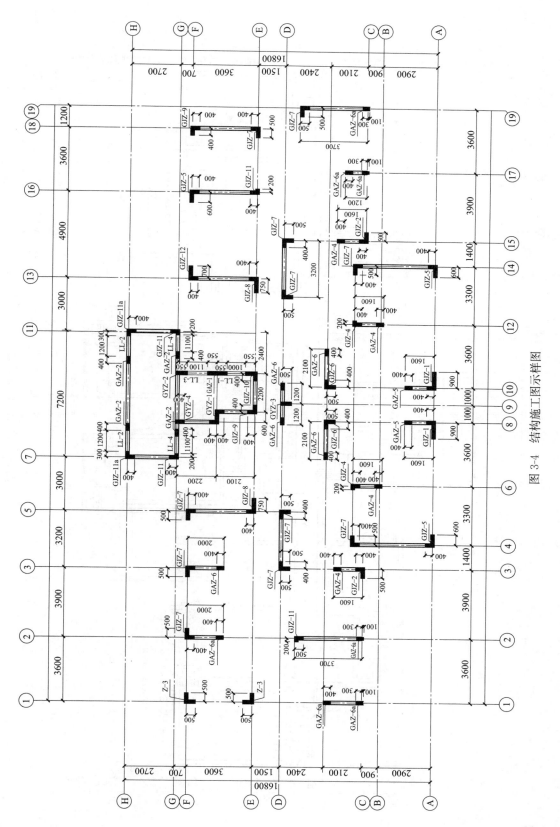

图 3-4 结构施工图示样图

41

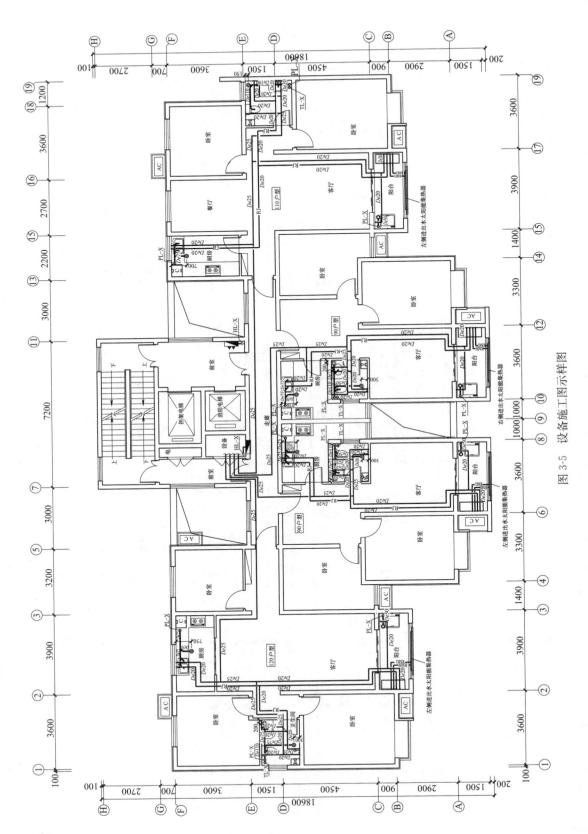

图 3-5　设备施工图示样图

等；这些在制图标准中都有图例。而会签栏是与设计相关的专业人员的签字栏。比如：给排水专业、暖通、设备、工艺等专业要提出条件，由建筑专业进行相关设计后，这些专业都要进行检查，以便检查所提供的条件是否都得到满足然后在会签栏进行签字，如图3-6所示。

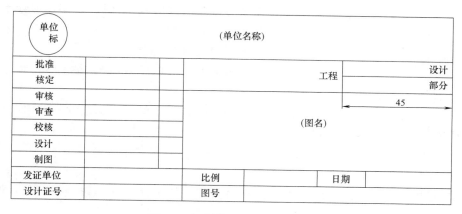

图 3-6 标题栏和会签栏示样图

（二）比例

建筑的形体庞大而复杂，绘图时需要用各种不同的比例，比例是指图上尺寸与建筑物实际尺寸之比；对于整座建筑物和建筑局部详图一般缩小画出。常用比例的选用见表3-1。

房屋建筑图中常用比例及可用比例   表 3-1

图　　名	常 用 比 例	必要时可用比例
建筑总平面图	1：500　1：1000 1：2000　1：5000	1：2500　1：10000
竖向布置、管线综合图、断面图等	1：100　1：200　1：500 1：1000　1：2000	1：300　1：5000
平面图、立面图、剖面图、结构布置图、设备布置图等	1：50　1：100　1：200	1：150　1：300　1：400
内容比较简单的平面图	1：200　1：400	1：500
详图	1：1　1：2　1：5　1：10 1：20　1：25　1：50	1：3　1：15　1：30 1：40　1：60

（三）定位轴线和编号

1. 国标规定定位轴线的绘制

线型：细单点长划线。

轴线编号的圆：细实线，直径8mm。

编号（以平面图为例）：水平方向，从左向右依次用阿拉伯数字编写；竖直方向，从下向上依次用大写拉丁字母编写（不能用I、O、Z，以免与数字1、0、2混淆），如图3-7（a）所示。

2. 标注位置

图样对称时，一般标注在图样的下方和左侧；图样不对称时，以下方和左侧为主，上

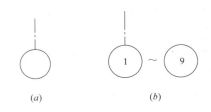

图 3-7　定位轴线和编号

（a）定位轴线；（b）编号

方和右方也要标注。

3. 分轴线的标注

对应次要承重构件，不用单独划为一个编号，可以用分轴线表示。表示方法：用分数进行编号，以前一轴线编号为分母，阿拉伯数字（1、2、3）为分子依次编写，如图 3-7（b）所示。

4. 详图中的轴向编号

轴线编号的圆：直径 10mm，细实线绘制。

（四）尺寸、标高

1. 尺寸单位除标高及建筑总平面图以"m（米）"为单位，其余的一律以"mm（毫米）"为单位。

2. 标高的定义：是标注建筑物某一部分高度的一种尺寸形式。

3. 标高符号（如图 3-8 所示）：

4. 标高数字：总平面图标注到小数点后两位，其余标注到小数点后三位，如图 3-9 所示。

图 3-8　标高符号

（a）用于个体建筑标高；（b）用于总建筑标高

图 3-9　标高数字

5. 标高分类：

标高有绝对标高和相对标高两种。

绝对标高：在我国，绝对标高是把青岛附近的某处黄海的平均海平面定为绝对标高的零点，其他各地标高都以它作为基准。

相对标高：除总平面图外，一般应用相对标高。一般把底层室内主要地坪标高定为相对标高零点，其他的标高都按照底层标高来测量，如图 3-10 所示。

（五）索引符号和详图符号

为了方便查找构件详图，用索引符号可以清楚地表示出详图的编号、详图的位置和详图所在图纸的编号。

1. 索引符号

绘制方法：引出线指在要画详图的地方，引出线的另一端为细实线、直径 10mm 的圆，引出线应对准圆心。在圆内过圆心画一水平细实线，将圆分为两个半圆。

当索引符号用于索引剖面详图时，应在被剖切的部位绘制剖切位置线，引出线所在一侧应为投射方向，如图 3-11 所示。

编号方法：上半圆用阿拉伯数字表示详图的编号；下半圆用阿拉伯数字表示详图所在图纸的图纸号，若详图与被索

图 3-10　建筑标高

图 3-11　索引符号绘制方法

引的图样在同一张图纸上，下半圆中间画一水平细实线；如详图为标准图集上的详图，应在索引符号水平直径的延长线上加注标准图集的编号，如图 3-12 所示。

图 3-12　索引符号编号方法

2. 详图符号—表示详图的位置和编号

绘制方法：粗实线，直径 14mm。

编号方法：当详图与被索引的图样不在同一张图纸上时，过圆心画一水平实线，上半圆用阿拉伯数字表示详图的编号，下半圆用阿拉伯数学表示被索引图纸的图纸号。

当详图与被索引的图样在同一张图纸上时，圆内不画水平细实线，圆内用阿拉伯数字表示详图的编号，如图 3-13 所示。

3. 构件、钢筋、杆件、设备 等的编号

绘制方法：细实线，直径 6mm。

编号方法：用阿拉伯数学依次编号。

（六）指北针

图 3-13　详图符号绘制和编号方法

指北针：在建筑总平面图上，均应画上指北针，如图 3-14（a）所示。

风玫瑰图：在建筑总平面图上，通常应按当地实际情况绘制风向频率玫瑰图。全国各地主要城市的风向频率玫瑰图见《建筑设计资料集》一书。有些城市没有风向频率玫瑰图，则在总平面图上画上单独的指北针，如图 3-14（b）所示。

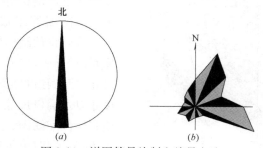

图 3-14　详图符号绘制和编号方法

（a）指北针；（b）城市风向频率玫瑰图

第二节　构件加工图

根据装配整体式混凝土结构工程的特点，应将施工图进一步深化设计变为预制构件加工图。具体预制构件加工图基本知识如下：

一、预制构件加工图

（一）构件加工深化设计图

装配式结构设计是生产前重要的准备工作之一，由于工作量大、图纸多、牵涉专业多，一般由建筑设计单位或专业的第三方单位进行预制构件深化设计，按照建筑结构特点和预制构件生产工艺的要求，将建筑物拆分为独立的构件单元，在接下来的设计过程中重点考虑构件连接构造、水电管线预埋、门窗及其他埋件的预埋、吊装及施工必需的预埋件、预留孔洞等，同时要考虑方便模具加工和构件生产效率，现场施工吊运能力限制等因素。一般每个预制构件都要通过绘制构件模板图、配筋图、预留预埋件图得到体现，个别情况需要制作三维视图，如图 3-15、图 3-16 所示。

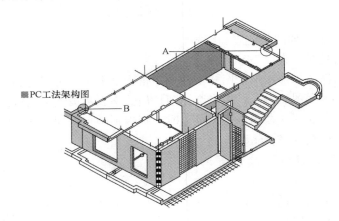

图 3-15　构件三维视图

（二）预制构件模板图

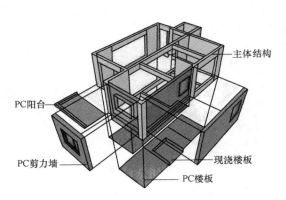

图 3-16　构件组合分析图

预制构件模板图是控制预制构件外轮廓形状尺寸和预制构件各组成部分形状尺寸的图纸，由构件立面图、顶视图、侧视图、底视图等组成。通过预制构件模板图，可以将预制构件外叶板的三维外轮廓尺寸以及洞口尺寸、内叶板的三维外轮廓尺寸以及洞口尺寸、保温板的三维外轮廓尺寸以及洞口尺寸等表达清楚。作为绘制预制构件配筋图、预制构件预留预埋件图的依据，同时也可以为绘制预制构件模具加工图提供依据。如图 3-17。

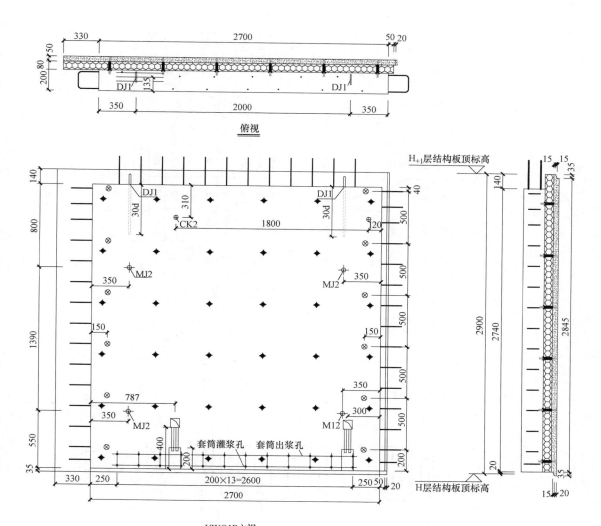

俯视

YWQ1F主视

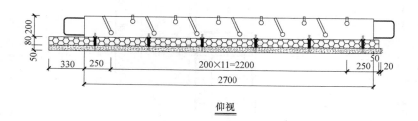

仰视

图 3-17　预制构件模板图

（三）预制构件配筋图

在预制构件模板图的基础上，可以绘制预制构件配筋图。预制构件的配筋既要考虑构件结构整体受力分析中的受力，也要考虑预制构件在制造过程中的脱模、吊装、运输、安装临时支撑等工况的受力。在综合各种工况的前提下，计算出预制构件的配筋，最后绘制出预制构件配筋图。如图 3-18 所示。

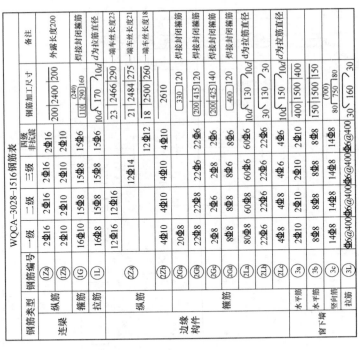

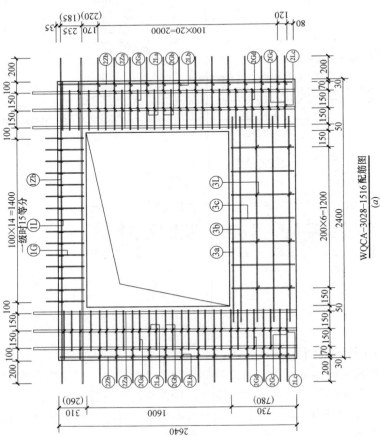

WQCA-3028-1516配筋图
(a)

(b)

图 3-18 预制构件配筋图

（四）预制构件预留预埋图

预制构件必须按照施工图设计图纸要求进行水电、门窗的预留预埋，同时还必须考虑构件脱模、吊装、运输、安装和临时支撑等情况预留预埋件。

在预制构件模板图的基础上，水电、建筑等专业可以根据本专业的设计情况绘制预留预埋图。负责构件制造、施工、安装的人员也可以绘制构件预埋件图。综合以上情况，就可以绘制出最终的预留预埋件图。如图 3-19 和图 3-20 所示。

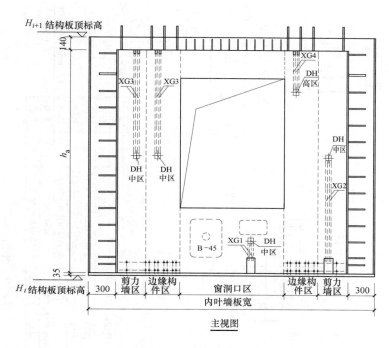

图 3-19　电气预留示意

（五）预制构件综合加工图

在绘制完成以上的预制构件模板图、配筋图、预留预埋件图后，有时为了方便使用，可以将模板图、配筋图、预留预埋件图综合绘制在同一张图纸之上。如图 3-21 所示。

二、预制构件模具设计图

模具设计图由机械设计工程师根据拆解的构件单元设计图进行模具设计，模具多数为组合式台式钢模具，模具应具有一定的刚度和精度，既要方便组合以保证生产效率，又要便于构件成型后的拆模和构件翻身，图纸一般包括平台制作图、边模制作图、零配件图、模具组合图，复杂模具还包括总体或局部的三维图纸。如图 3-22 所示。

"模具是制造业之母"，模具的好坏直接决定了构件产品质量的好坏和生产安装的质量和效率，预制构件模具的制造关键是"精度"，包括尺寸的误差精度、焊接工艺水平、模具边棱的打磨光滑程度等，模具组合后应严格按照要求涂刷隔离剂或水洗剂。预制构件的质量和精度是保证建筑质量的基础，也是预制装配整体式建筑施工的关键工序之一，为了保证构件质量和精度，必须采用专用的模具进行构件生产，预制构件生产前应对模具进行检查验收，见表 3-2。

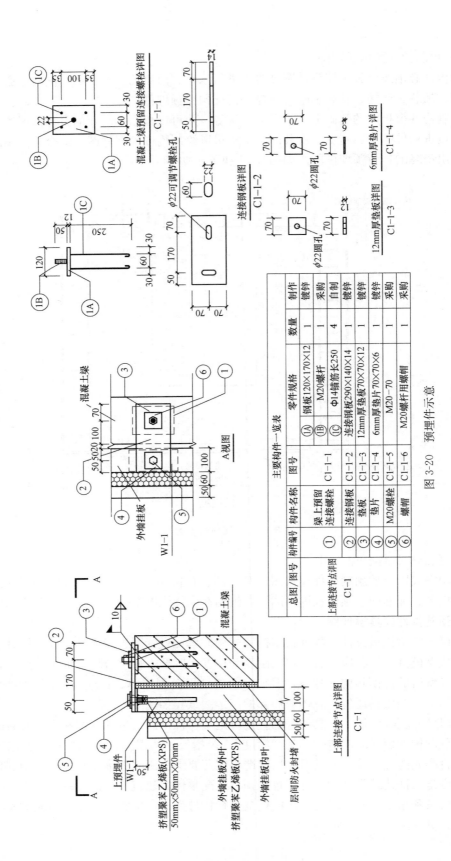

混凝土梁预留节点连接螺栓详图
C1-1-1

连接钢板详图
C1-1-2

12mm厚垫板详图
C1-1-3

6mm厚垫片详图
C1-1-4

A视图

W1-1

主要构件一览表

总图/图号	构件编号	构件名称	图号	零件规格	数量	制作
上部连接节点详图 C1-1	①	梁上预留连接螺栓	C1-1-1	Ⓐ 钢板120×170×12	1	制作
				Ⓑ M20螺杆	1	镀锌
				Ⓒ Φ14锚筋长250	4	采购
	②	连接钢板	C1-1-2	连接钢板290×140×14	1	自制
	③	垫板	C1-1-3	12mm厚垫板70×70×12	1	镀锌
	④	垫片	C1-1-4	6mm厚垫片 70×70×6	1	镀锌
	⑤	M20螺栓	C1-1-5	M20-70	1	采购
	⑥	螺帽	C1-1-6	M20螺杆用螺帽	1	采购

上部连接节点详图
C1-1

上预埋件
W1-1

挤塑聚苯乙烯板(XPS)
50mm×50mm×20mm

外墙挂板外叶

挤塑聚苯乙烯板(XPS)

外墙挂板内叶

层间防火封堵

混凝土梁

图3-20 预埋件示意

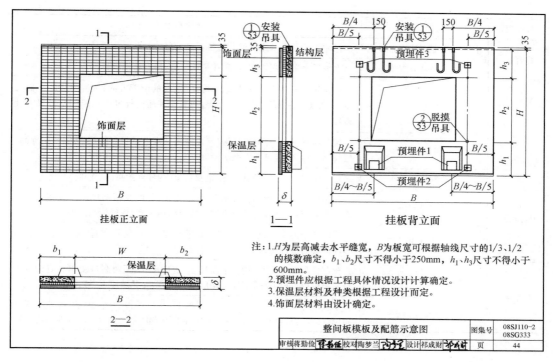

图 3-21　预制构件综合加工图

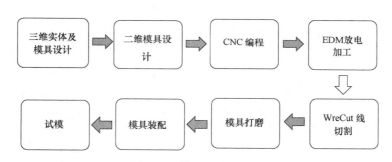

图 3-22　模具设计流程图

各类构件在施工图中表达内容一览表　　　　　　　　　　　表 3-2

构件名称	施工图表达的内容	主要注写要求
墙板	平面布置图	标注未居中墙板的定位、注写墙板编号、墙板上留洞定位、后浇段尺寸及定位、预制内墙板装配方向
	预制墙板表	注写墙板编号、位置信息、管线预埋信息、构件重量及数量、构件详图页码、外墙板应注写外叶板参数；选用标准图集时应注明对应的标准构件编号
	后浇段表	注写后浇段编号、后浇段起始标高、配筋信息
叠合板	预制底板布置图	叠合板编号、预制底板编号、各块预制底板尺寸和定位、板缝位置
	预制底板表	叠合板编号、板块内预制底板编号、所在楼层、构件数量和重量、构件详图页码、构件设计补充内容(线盒、留洞位置)
	现浇层配筋图	同现浇混凝土结构

构件名称	施工图表达的内容	主要注写要求
叠合板	水平后浇带或圈梁布置图	标注水平后浇带或圈梁分布位置及编号
	水平后浇带或圈梁表	水平后浇带或圈梁编号、所在平面位置、所在楼层及配筋等
楼梯	平面布置图	楼梯间的平面尺寸、楼层结构标高、楼梯的上下方向、预制梯板的平面尺寸、梯板类型及编号、定位尺寸等;剪刀楼梯还需标准防火墙的定位尺寸及编号
	剖面图	预制楼梯编号、梯梁梯柱编号、预制楼梯水平及竖向尺寸、楼梯结构标高、层间结构标高、建筑楼面做法厚度等
	预制楼梯表	构件编号、所在层号、构件重量及数量、构件详图页码、连接索引等
阳台板及空调板	平面布置图	预制构件编号、预制构件平面尺寸、定位尺寸、预留洞口尺寸及相对应构件本身的定位(标准构件时不注)、楼层结构标高、板顶标高高差
	构件表	平面图中的编号、板厚、构件重量及数量、所在层号、构件详图页码;选用标注图集时应注明对应的标准构件编号
女儿墙	平面布置图	预制构件编号、预制构件平面尺寸、定位尺寸、预留洞口及相对应构件本身的定位(标准构件时不注)、楼层结构标高、女儿墙厚度、墙顶标高
	预制女儿墙表	平面图中的编号、所在层号和轴线号、内叶强厚、构件重量、构件详图页码、有必要时外叶板调整参数;选用标准图集时应注明对应的标准构件编号

中篇　构件制作

第四章　预制构件生产准备

预制构件生产前，主要准备工作有熟悉设计图纸、编制专项生产方案、相关生产设备调试、模具设计制作及组装、原材料的检验、钢筋和其他材料的加工、生产用混凝土的制备等。构件内所用各种材料均需为第三方检测结构检测合格。

本章主要围绕生产准备、原材料进厂检验、预制构件钢筋加工、预制构件生产模具组装、预制混凝土制备等内容进行重点阐述。

第一节　生产准备

预制构件生产准备主要包括熟悉构件加工图、编制专项生产方案、人员配置与管理等内容。

一、熟悉构件加工图

预制构件生产厂技术人员及项目负责人应及时熟悉预制构件生产图纸，编制作业计划书，对工人进行技术交底，编制用料清单，并对模板数量、钢筋加工强度及预制顺序进行安排。及时熟悉施工图纸，及时了解使用单位的意图，了解预制构件钢筋、模板的尺寸和形式及商品混凝土浇筑工程量及基本浇筑方式，以求在施工中达到优质、高效及经济的目的。

二、专项方案的实施

预制构件生产厂应根据合同的目标约定，结合预制构件的质量要求、生产技术、工艺流程，及时编制构件生产方案，并按程序经过审批后实施。构件的生产方案主要包括以下内容：

1. 生产计划及生产工艺；
2. 模具计划及组装；
3. 设备调试计划；
4. 技术质量控制措施；
5. 安全保证措施；
6. 物流管理计划；
7. 成品保护措施。

三、人员配置与管理

预制构件品种多样，结构不一，应及时根据施工人员的工作量及施工水平进行合理安排，建立生产管理组织体系，保障构件安全、有序生产。

第二节　原材料进厂检验

混凝土用原材料水泥、骨料（砂、石）、外加剂、掺合料等应符合现行国家标准的规定，并按照现行国家相关标准的规定进行进场复检，经验合格后方可使用。

一、水泥

水泥进场前要求提供商出具水泥出厂合格证和质保单，对其品种、级别、包装或散装仓号、出厂日期等进行检查，并按批次对其强度（ISO 胶砂法）、安定性、凝结时间及其他必要的性能指标进行复验。

（一）强度检验（ISO 胶砂法）

首先用湿布湿润搅拌锅待用，再用天平（如图 4-1 所示）准确称取 450g 水泥，用量筒量取 225ml 水待用。

将水加入搅拌锅后，把水泥加入搅拌锅，同时将标准砂加入到沙漏中，然后启动搅拌机（如图 4-2 所示），开始搅拌。

图 4-1　天平

图 4-2　水泥胶砂搅拌机

将搅拌好的试验样分两次放入振动台（如图 4-3 所示）上的试模内，并分两次振动，每次 60 次。

将成型好的试块放入标准养护箱（如图 4-4 所示）中养护，次日将试模拆去，在将试块养护到规定的龄期。

图 4-3　胶砂振实台

图 4-4　水泥标准养护箱

龄期到达后进行强度试验（如图 4-5、图 4-6 所示），并记录数据，形成水泥强度检验报告。

图 4-5　抗折试验机

图 4-6　抗压试验机

（二）安定性

沸煮法合格。

（三）凝结时间

硅酸盐水泥初凝不小于 45min，终凝不大于 390min。

普通硅酸盐水泥、矿渣硅酸盐水泥、火山灰质硅酸盐水泥、粉煤灰硅酸盐水泥和复合硅酸盐水泥初凝不小于 45min，终凝不大于 600min。

（四）细度（选择性指标）

硅酸盐水泥和普通硅酸盐水泥以比表面积表示，不小于 300m²/kg；矿渣硅酸盐水泥、火山灰质硅酸盐水泥、粉煤灰硅酸盐水泥和复合硅酸盐水泥以筛余表示，80μm 方孔筛筛余不大于 10% 或 45μm 方孔筛筛余不大于 30%。

二、砂

使用前要对砂的含水、含泥量进行检验，并用筛选分析试验对其颗粒级配及细度模数进行检验，不得使用海砂。

（一）砂的颗粒级配及细度模数试验仪器及步骤：

1. 用天平称取烘干后的砂 1100g 待用。

2. 将标准筛（如图 4-7 所示）由大到小排好顺序，将砂加入到最顶层的筛子中。

3. 将筛子放到振动筛（如图 4-8 所示）上，开动振动筛完成砂子分级操作。然后称出不同筛子上的砂子量，做好记录，得出颗粒级配，并由以上数据计算得出砂子的细度模数。

图 4-7　砂标准筛　　　　　　　　图 4-8　振动筛

（二）砂子质量应符合现行行业标准《普通混凝土用砂、石质量及检验方法标准》JGJ 52 的规定：

砂的质量要求：砂的粗细程度按细度模数 μf 分为粗、中、细、特细四级。

（三）砂筛应采用方孔筛，砂的公称粒径、砂筛筛孔的公称直径和方孔筛筛孔边长应符合表 4-1 的规定。

砂筛筛孔的公称直径与方孔筛边长尺寸（mm）　　　　　　　表 4-1

砂的公称粒径	砂筛筛孔的公称直径	方孔筛筛孔边长	砂的公称粒径	砂筛筛孔的公称直径	方孔筛筛孔边长
5.00m	5.01m	4.75mm	315μm	316μm	300μm
2.50mm	2.51mm	2.35mm	160μm	161μm	150μm
1.25mm	1.26mm	1.18mm	80μm	81μm	75μm
630μm	631μm	500μm			

（四）除特细砂外，砂的颗粒级配可按公称直径 630μm 筛孔的累计筛余量（以质量百

分率计，下同），分成三个级配区（见表4-2），且砂的颗粒级配应处于表4-2中的某一区内。

砂的实际颗粒级配与表4-2中的累计筛余相比，除公称粒径的5.00mm和630μm（表4-2斜体所标数值）的累计筛余外，其余公称粒径的累计筛余可稍有超出分界线，但总超出量不应大于5%。当天然砂的实际颗粒级配不符合要求时，宜采取相应的技术措施，并经试验证明能确保混凝土质量后方允许使用。

砂颗粒级配区累级计

表4-2

累计筛余级配区公称粒径（%）	Ⅰ区	Ⅱ区	Ⅲ区
5.00mm	10～0	10～0	10～1
2.50mm	35～5	25～0	15～0
1.25mm	65～35	50～10	25～0
630μm	85～71	70～41	40～16
315μm	95～80	92～70	85～55
160μm	100～90	100～90	100～90

配制混凝土时宜优先选用Ⅱ区砂。当采用Ⅰ区砂时，应提高砂率，并保持足够的水泥用量，满足混凝土的和易性；当采用Ⅲ区砂时，宜适当降低砂率，当采用特细砂时，应符合相应的规定。

此外还要对砂的含水量、含泥量及泥块含量进行检测，达到相关材料规范要求后方可使用。

机制砂的检测参照上述规定执行。

三、石子

使用前要对石子的含水、含泥量进行检验，并用筛选分析试验对其颗粒级配进行检验，其质量应符合现行行业标准《普通混凝土用砂、石质量及检验方法标准》JGJ 52的规定：

（一）石子采用筛选分析实验方法参见砂筛选分析实验方法。

（二）石子的公称粒径、石筛筛孔的公称直径与方孔筛筛孔边长应符合表4-3的规定。

石筛筛孔的公称直径与方孔筛尺寸（mm）

表4-3

级配情况	公称粒级（mm）	累计筛余按重量计（%）											
		方孔筛筛孔尺寸（mm）											
		2.36	4.75	9.5	16.0	19.0	26.5	31.5	37.5	53.0	63.0	75.9	90.0
连续粒级	5～10	95～100	80～100	0～15	0	—	—	—	—	—	—	—	—
	5～16	95～100	85～100	30～60	0～10	0	—	—	—	—	—	—	—
	5～20	95～100	90～100	40～80	—	0～10	0	—	—	—	—	—	—
	5～25	95～100	90～100	—	30～70	—	0～5	0	—	—	—	—	—
	5～31.5	95～100	90～100	70～90	—	15～45	—	0～5	0	—	—	—	—
	5～40	—	95～100	70～90	—	30～65	—	—	0～5	0	—	—	—
单粒级	10～20	—	95～100	85～100	—	0～15	0	—	—	—	—	—	—
	16～31.5	—	95～100	—	85～100	—	—	0～10	0	—	—	—	—

级配情况	公称粒级(mm)	累计筛余按重量计(%)											
		方孔筛筛孔尺寸(mm)											
		2.36	4.75	9.5	16.0	19.0	26.5	31.5	37.5	53.0	63.0	75.9	90.0
单粒级	20~40	—	—	95~100	—	80~100	—	—	0~10	0	—	—	—
	31.5~63	—	—	—	95~100	—	—	75~100	45~75	—	0~10	0	—
	40~80	—	—	—	—	95~100	—	—	70~100	—	30~60	0~10	0

（三）碎石或卵石的颗粒级配，应符合表4-3的要求。混凝土用石应采用连续粒级。

单粒级宜用于组合成满足要求级配的连续粒级，也可与连续粒级混合使用，以改善其级配或配成较大粒度的连续粒级。

当卵石的颗粒级配不符合表4-3要求时，应采取措施并经试验证实能确保工程质量后方允许使用。

（四）对于有抗冻、抗渗或其它特殊要求的的混凝土，其所用碎石或卵石的含泥量不应大于1.0%。当碎石或卵石的含泥是非黏土质的石粉时，其含泥量由0.5%、1.0%、2.0%，分别提高到1.0%、l.5%、3.0%。对于有抗冻、抗渗和其它特殊要求的强度等级小于C30的混凝土，其所用碎石或卵石的泥块含量应不大于0.5%。

四、减水剂

减水剂品种应通过试验室进行试配后确定，进场前要求提供商出具合格证和质保单等。减水剂产品应均匀、稳定，为此，应根据减水剂品种，定期选测下列项目：固体含量或含水量、pH值、比重、密度、松散容重、表面张力、起泡性、氯化物含量、主要成分含量（如硫酸盐含量、还原糖含量、木质素含量等）、钢筋锈蚀快速试验、净浆流动度、净浆减水率，砂浆减水率、砂浆含气量等。其质量应符合现行国家标准《混凝土外加剂》GB 8076的规定。

五、粉煤灰

粉煤灰进场前要求提供商出具合格证和质保单等，按批次对其细度等进行检验，应符合现行国家标准《用于水泥和混凝土中粉煤灰》GB/T 1596中的Ⅰ级或Ⅱ级技术性能及质量指标。

六、矿粉

矿粉进场前要求提供商出具合格证和质保单等，按批次对其活性指数、氯离子含量、细度及流动度比等进行检验，应符合现行国家标准《用于水泥和混凝土中的粒化高炉矿渣粉》GB/T 18046的规定。

七、钢材

钢材进场前要求提供商出具合格证和质保单，按批次对其抗拉伸强度、比重、尺寸、外观等进行检验，其指标应符合现行国家标准《预应力混凝土用螺纹钢筋》GB/T 20065、《钢筋混凝土用钢》GB 1499.1等标准的规定。

（一）抗拉强度试验方法

1. 将钢材拉直除锈。

2. 按如下要求截取试样：$d \leqslant 25mm$，试样夹具之间的最小自由长度为350mm；

25mm＜d≤32mm，试样夹具之间的最小自由长度为400mm；32mm＜d≤50mm，试样夹具之间的最小自由长度为500mm。

3. 将样品用钢筋标距仪标定标距。

4. 将试样放入万能材料试验机夹具内，关闭回油阀，并夹紧夹具，开启机器。

5. 实验过程中认真观察万能材料试验机度盘，指针首次逆时针转动时的荷载值即为屈服荷载，记录该荷载。

6. 继续拉伸，直至样品断裂，指针指向的最大值即为破坏荷载，记录该荷载。

7. 用钢尺量取5d的标距拉伸后的长度作为断后标距并记录。

（二）延伸率试验方法

一般延伸率求的是断后伸长率，钢筋拉伸前要先做好原始标记，如果是机器打印标记的话比较省事，拉断后按照钢筋的5倍直径测量，手工划印可以按照5倍直径的一半连续划印；到时测量三点，应为钢筋不一定断裂在什么位置，所以一般整根钢筋都要划印；测量结果精确到0.25mm，计算结果精确到0.5%。

八、夹心保温材料

预制夹心保温构件的保温材料宜采用挤塑聚苯乙烯板（XPS）、硬泡聚氨酯（PUR）等轻质高效保温材料，选用时除应考虑材料的导热系数外，还应考虑材料的吸水率、燃烧性能、强度等指标。进场前要求供应商出具合格证和质保单，并对产品外观、尺寸、防火性能等进行检验。保温材料除应符合设计要求外，尚应符合现行国家标准《建筑绝热材料的应用类型和基本要求》GB/T 17369 的规定。夹心保温材料应委托具有相应资质的检测机构进行检测。

九、预埋件

预埋件的材料、品种应按照构件制作图要求进行制作，并准确定位。各种预埋件进场前要求供应商出具合格证和质保单，并对产品外观、尺寸、强度、防火性能、耐高温性能等进行检验。预埋件应委托具有相应资质的检测机构进行检测。

十、混凝土

（一）混凝土应符合下列要求

1. 混凝土配合比设计应符合现行行业标准《普通混凝土配合比设计规程》JGJ 55 的相关规定和设计要求。混凝土配合比宜有必要的技术说明，包括生产时的调整要求。

2. 混凝土中氯化物和碱总含量应符合现行国家标准《混凝土结构设计规范》GB 50010 的相关规定和设计要求。

3. 混凝土中不得掺加对钢材有锈蚀作用的外加剂。

4. 预制构件混凝土强度等级不宜低于C30；预应力混凝土构件的混凝土强度等级不宜低于C40，且不应低于C30。

（二）混凝土坍落度检测

坍落度的测试方法：用一个上口100mm、下口200mm、高300mm喇叭状的坍落度桶，使用前用水湿润，分两次灌入混凝土后捣实，然后垂直拔起桶，混凝土因自重产生坍落现象，用桶高（300mm）减去坍落后混凝土最高点的高度，称为坍落度。如果差值为10mm，则坍落度为10。如图4-9所示。

混凝土的坍落度，应根据预制构件的结构断面、钢筋含量、运输距离、浇注方法、运

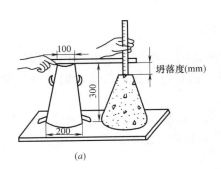

(a)　　　　　　　　　　　　　　　(b)

图 4-9　混凝土坍落度测试

(a) 测试示意图；(b) 实际测试图

输方式、振捣能力和气候等条件决定，在选定配合比时应综合考虑，并宜采用较小的坍落度为宜。

（三）混凝土强度检验时，每 100 盘，但不超过 100m³ 的同配比混凝土，取样不少于一次，不足 100 盘和 100m³ 的混凝土取样不少于一次，当同配比混凝土超过 1000m³ 时，每 200m³ 取样不少于一次；每次取样应至少留置一组标准养护试件，同条件养护试件的留置组数应根据实际需要确定。

（四）构件生产过程中出现下列情况之一时，应对混凝土配合比重新设计并检验：

1. 原材料的产地或品质发生显著变化时；

2. 停产时间超过一个月，重新生产前；

3. 合同要求时；

4. 混凝土质量出现异常时。

第三节　预制构件钢筋加工

一、钢筋加工准备

钢筋加工制作时，要将钢筋加工图与深化设计图复核，检查下料表是否有错误和遗漏，对每种钢筋要按下料表检查是否达到要求，经过这两道检查后，再按下料表放出试样，试制合格后方可成批制作。

预制构件在使用过程中以单独受力计算其受力作用，钢筋对预制构件的边角的保护具有重大的作用，因此预制构件的钢筋制作及安装较其他现浇机构较为复杂，特别是有预埋的预制构件，需使用钢筋对预埋构件进行保护。在制作时其箍筋必须尺寸准确、角度精确。要使配制的各种钢筋和箍筋平直、方正及弯钩准确，应严格把好配料关，实行定期的抽检，不合格者责令返工直至给予处罚，直至符合设计要求。

二、钢筋加工技术要求

施工中如需要钢筋代换时，必须充分了解设计意图和代换材料性能，严格遵守现行钢筋混凝土设计规范的各种规定，并不得以等面积的高强度钢筋代换低强度的钢筋。凡重要部位的钢筋代换，须征得甲方、设计单位同意，并有书面通知时方可代换。钢筋加工一般要经过四道工序：钢筋除锈、钢筋调直、钢筋切断、钢筋成型。

（一）钢筋表面应洁净；黏着的油污、泥土、浮锈使用前必须清理干净，可结合冷拉工艺除锈。

（二）钢筋调直，可用机械或人工调直。经调直后的钢筋不得有局部弯曲、死弯、小波浪形，其表面伤痕不应使钢筋截面减小 5%。

（三）钢筋切断应根据钢筋型号、直径、长度和数量，长短搭配，先断长料后断短料，尽量减少和缩短钢筋短头，以节约钢材。

（四）钢筋弯钩或弯曲：

1. 钢筋弯钩。形式有三种，分别为半圆弯钩、直弯钩及斜弯钩。钢筋弯曲后，弯曲处内皮收缩、外皮延伸、轴线长度不变，弯曲处形成圆弧，弯起后尺寸大于下料尺寸，应考虑弯曲调整值。

钢筋弯心直径为 $2.5d$，平直部分为 $3d$。钢筋弯钩增加长度的理论计算值：对转半圆弯钩为 $6.25d$，对直弯钩为 $3.5d$，对斜弯钩为 $4.9d$。

2. 弯起钢筋。中间部位弯折处的弯曲直径 d，不小于钢筋直径的 5 倍。

3. 箍筋。箍筋的末端应作弯钩，弯钩形式应符合设计要求。箍筋调整，即为弯钩增加长度和弯曲调整值两项之差或和，根据箍筋量外包尺寸或内包尺寸而定。

4. 钢筋下料长度应根据构件尺寸、混凝土保护层厚度，钢筋弯曲调整值和弯钩增加长度等规定综合考虑。

（1）直钢筋下料长度＝构件长度－保护层厚度＋弯钩增加长度；

（2）弯起钢筋下料长度＝直段长度＋斜弯长度－弯曲调整值＋弯钩增加长度；

（3）箍筋下料长度＝箍筋内周长＋箍筋调整值＋弯钩增加长度。

5. 在钢筋加工过程中，要随时地进行尺寸的检查，当不符合要求时，随时停止作业进行修改以满足规范和施工要求。

三、钢筋加工

（一）钢筋除锈

1. 加工方法

钢筋均应清除油污和锤打能剥落的浮皮、铁锈。大量除锈，可通过钢筋冷拉或钢筋调直机调直过程中完成；少量的钢筋除锈，可采用电动除锈机或喷砂方法除锈，钢筋局部除锈可采取人工用钢丝刷或砂轮等方法进行。

2. 注意事项及质量要求

如除锈后钢筋表面有严重的麻坑、斑点等，已伤蚀截面时，应降级使用或剔除不用，带有蜂窝状锈迹钢筋，不得使用。

（二）钢筋调直

1. 加工方法

对局部曲折、弯曲或成盘的钢筋应加以调直。钢筋调直普遍使用卷扬机拉直和用调直机调直，如图 4-10 所示。

2. 注意事项及质量要求

钢筋调直时，应注意控制冷拉率：Ⅰ级钢筋不宜大于 4%；Ⅱ～Ⅲ级钢筋采用冷拉钢筋的结构不宜大于 1%。用调直机调直钢筋时，表面伤痕不应使截面面积减少 5% 以上。

调直后的钢筋应平直、无局部曲折。

（三）钢筋切割

1. 加工方法

钢筋弯曲成型前，应根据配料表要求长度分别截断，通常宜用钢筋切断机进行，如图4-11所示。

图 4-10　钢筋调直机

图 4-11　钢筋切断机

2. 注意事项及质量要求

应将同规格钢筋根据不同长短搭配、统筹排料；一般先断长料，后断短料，以减少短头和损耗。避免用短尺量长料，防止产生累计误差，应在工作台上标出尺寸、刻度，并设置控制断料尺寸用的挡板。切断过程中如发现劈裂、缩头或严重的弯头等，必须切除。切断后钢筋断口不得有马蹄形或起弯等现象，钢筋长度偏差不应小于±10mm。

（四）钢筋弯曲成型

1. 加工方法

钢筋的弯曲成型多用弯曲机（如图4-12、图4-13所示）进行，在缺乏设备或少量钢筋加工时，可用手工弯曲成型，系在成型台上用手摇扳子每次弯 4～8 根 ϕ8mm 以下钢筋，或用扳柱铁扳和扳子，可弯 ϕ32mm 以下钢筋。

图 4-12　大型钢筋弯曲机

图 4-13　小型钢筋弯曲机

当弯直径 ϕ28mm 以下钢筋时，可用两个扳柱加不同厚度钢套，钢筋扳子口直径应比钢筋直径大 2mm。

曲线钢筋成型，可在原钢筋弯曲机的工作中央，放置一个十字架和钢套，另在工作盘四个孔内插上短轴和成型钢套与中央钢套相切，钢套尺寸根据钢筋曲线形状选用，成型时钢套起顶弯作用，十字架则协助推进。螺旋形钢筋成型，小直径可用手摇滚筒。

较粗（$\phi16mm \sim 30mm$）钢筋，可在钢筋弯曲机的工作盘上安设一个型钢制成的加工圆盘，盘外直径相当于需加工螺旋筋（或圆箍筋）的内径，插孔相当于弯曲机扳柱间距，使用时将钢筋一头固定，即可按一般钢筋弯曲加工方法弯成所需的螺旋形钢筋。

2. 注意事项及质量要求

钢筋弯曲时应将各弯曲点位置划出，划线尺寸应根据不同弯曲角度和钢筋直径扣除钢筋弯曲调整值。划线应在工作台上进行，如无划线台而直接以尺度量划线时，应使用长度适当的木尺，不宜用短尺（木折尺）接量，以防发生差错。第一根钢筋弯曲成型后，应与配料表进行复核，符合要求后再成批加工。成型后的钢筋要求形状正确，平面上无凹曲，弯点处无裂缝。其尺寸允许偏差为：全长±10mm，弯起钢筋起弯点位移20mm，弯起钢筋的起弯高度±5mm。

（五）钢筋桁架生产

1. 加工方法

钢筋桁架成型采用数控全自动钢筋桁架生产线（如图4-14所示）来完成，桁架成形采用电阻点焊方式，该机器按照结构和功能分为电气控制系统、放线部分、矫直送丝部分、储料部分、侧筋成型部分、焊接部分、底脚折弯部分、剪切部分和集料部分等。

2. 注意事项及加工要求

在生产中要时刻注意安全生产，设备的操作人员必须经过培训，熟悉设备的功能、特点和操作方法；不熟练的人员禁止使用该设备。设备操作者要戴好手套，不要用手直接触摸生产后的成品，以免被烫伤。对于桁架的上下弦钢筋可采用CRB550、CRB600H，或HRB400钢筋。钢筋桁架焊点的抗剪力不应小于腹杆钢筋规定屈服力值的0.6倍。

（六）钢筋网片自动化生产加工

钢筋网片是用专门的焊网机将相同或不同直径的纵向和横向钢筋用电阻点焊（低电压、高电流、焊接接触时间很短）成形的网状钢筋制品。纵向钢筋和横向钢筋分别以一定间距排列且互成直角，全部交叉点均由电阻点焊在一起。

1. 加工方法

首先对纵筋进行按照所需间距进行穿筋，然后调节好电流等一系列设备参数启动生产按钮，此时横筋会按照设定

图4-14　数控钢筋桁架焊接生产线

的间距自动下落，在落到电极槽位置时被磁铁吸附到横筋上，然后焊接电极会按照设定的参数进行电阻点焊，当整个网片焊接结束后之后的拉网机会自动把整个焊接好的网片拉倒滚落架上，如图4-15所示。

2. 钢筋网片优点及注意事项

在焊网机加工时一定注意量取所需横筋抽头、留尾长度（纵筋抽头、留尾是电脑数据输入）。在焊接生产网片时一定要保持与焊接区域的安全距离以确保人身安全。一定要控

图 4-15 钢筋焊接网片生产线

制好网格间距，否则整个网片可能很难合适地放入模具里。

钢筋网片的优点：

（1）与传统手工绑扎钢筋相比，焊接网具有网片刚度大、弹性好、间距均匀。

（2）浇筑混凝土时钢筋不易被局部踏弯，混凝土保护层厚度易于控制、均匀。

（3）采用焊接网大量降低了人工工时，在钢筋用量相同的情况下，使用钢筋网片比人工绑扎时间相比大约可节约 50％～70％。

（4）人工用钢丝绑扎的交叉点易于滑动，钢筋与混凝土握裹力较弱，易产生裂缝，而焊接网焊点不仅能承受压力，还能承受剪力。

（5）纵横向钢筋形成网状结构共同起粘结锚固作用，当焊接网钢筋采用较小直径，较密的间距时，由于单位面积焊接点的增多，更有利于增强混凝土的抗裂性能，能够减少75％以上的裂缝发生。

四、半成品钢筋的种类及堆放

（一）种类：在目前的装配整体式混凝土结构中常用的半成品钢筋种类比较复杂，有拉筋、腰筋、桁架、网片筋、箍筋、补强筋等等。

（二）堆放：将加工成型的钢筋分类、分区、分部、分层、分段和构件名称按号码顺序堆放，同部位钢筋或同一构件要堆放在一起，保证生产使用方便。

钢筋堆放应采用有效的架空方式合理堆放，如图 4-16～图 4-18 所示。

图 4-16 按照构件型号堆放

图 4-17 桁架堆放

图 4-18 焊接成型网片

（三）标识：钢筋原材及半成品钢筋堆放场地必须设有明显标识牌，半成品钢筋标识牌上应注明使用部位、钢筋规格、钢筋简图、加工制作人及受检状态。

第四节　预制构件生产模具的组装

预制构件的模板设计直接影响到预制构件的外观质量，针对预制构件的种类和要求，主要类型有定型模板、活动模板、预留孔模板等。预制构件使用的生产模具通常由钢板及背后钢肋制作焊接完成，生产时模具应根据构件优化设计图纸分别组装。对于特殊构件，要求钢筋先入模后组装。

模具组装应连接牢固、缝隙严密，组装时应进行表面清洗或涂刷水性或油性隔离剂，接触面不应有划痕、锈渍和氧化层脱落等现象。模具组装完成后尺寸允许偏差要求详见本教材第七章。

一、预制墙板、叠合楼板模具组装

（一）模具组装要点

所有模具必须清除干净，不得存有铁锈、油污及混凝土残渣，根据生产计划合理选取模具，对于使用符合要求的模具，首次使用及大修后的模板应当全数检查，使用中的模具也应当定期检查，并做好检查记录。

（二）画线

用画线机根据图纸尺寸画出外模组装图形。

（三）模具组装方法

模具组装时应用螺栓将模具组件连接紧固，并将模具一边用螺栓与模台进行紧固，其余三边用磁力盒进行紧固，使用磁力盒固定模具时，一定要将磁力盒底部杂物清除干净，且必须将螺丝有效地压到磨具上，如图 4-19 所示。

图 4-19　外模拼装图

组装后缝隙贴密封条，防止浇筑振捣过程漏浆，模具组装后应校对尺寸，特别注意对角线尺寸符合规范要求，模具拼接接口处严禁出现错台。

二、预制楼梯组装

所有模具必须清除干净，不得存有铁锈、油污及混凝土残渣，根据生产计划合理选取模具，对于使用符合要求的模具，首次使用及大修后的模板应当全数检查，使用中的模具也应当定期检查，并做好检查记录。

立式模具采用推拉模具，绑扎完钢筋便可进行组装，模具组装应连接牢固、缝隙严密，组装时应进行表面清洗或涂刷水性或蜡质隔离剂，接触面不应有划痕、锈渍和氧化层脱落等现象，模具连接应用螺栓连接，连接部位应打密封胶或贴密封胶带防止漏浆，如图 4-20 所示。

图 4-20　立式楼梯模具图

第五节　预制构件混凝土的制备

为保证生产的预制构件混凝土颜色一致，要求所用的材料一致。水泥应选用厂家、标号、品种相同且安定性好、强度好的水泥；砂石也应按规定选用合格材料；外加剂不仅要满足混凝土施工性能的要求，而且要有利于提高混凝土的内在质量和外观效果。混凝土应取样试配，按试配的配合比施工，严格控制坍落度。

一、混凝土制备操作要求

（一）混凝土搅拌前准备工作

1. 材料与主要机具

材料：根据生产需求备好各种生产需要的原材料，并到原材料堆场实地查看原材料状态，通知铲车班给指定仓位上料；如果对原材料情况有异议，及时通知试验室，由试验室进行抽检，最终根据试验室意见进行使用。

主要机具：混凝土搅拌机，电子计量设备等。生产前检查主机设备是否运行正常，各种计量称是否准确，确认无误后方可准备生产。

2. 作业条件：

（1）试验室已下达混凝土配合通知单，严格按照配合比进行生产任务，如有原材料变化，以试验室的配合比变更通知单为准，严禁私自更改配合比。

（2）所有的原材料经检查，全部应符合配合比通知单所提出的要求。

（3）搅拌机及其配套的设备应运转灵活、安全可靠。电源及配电系统符合要求，安全可靠。

（4）所有计量器具必须有检定的有效期标识。计量器具灵敏可靠，并按施工配合比设专人定磅。

（5）新下达的混凝土配合比，应进行开盘鉴定。开盘鉴定的工作已进行并符合要求。

（二）制备工艺

1. 准备工作

每台班开始前，对搅拌机及上料设备进行检查并试运转；对所用计量器具进行检查并定磅；校对施工配合比；对所用原材料的规格、品种、产地、牌号及质量进行检查，并与施工配合比进行核对；对砂、石的含水率进行检查，如有变化，及时通知试验人员调整用水量。一切检查符合要求后，方可开盘拌制混凝土。

2. 物料计量

（1）砂、石计量：采用自动上料，需调整好斗门关闭的提前量，以保证计量准确。砂、石计量的允许偏差应≤±3%。

（2）水泥计量：搅拌时采用散装水泥的，应每盘精确计量。水泥计量的允许偏差应≤±2%。

（3）外加剂及混合料计量：使用液态外加剂，为防止沉淀要随用随搅拌。外加剂的计量允许偏差应≤±2%。

（4）水计量：水必须盘盘计量，其允许偏差应≤±2%。

3. 上料程序

现场拌制混凝土，一般是计量好的原材料先汇集在上料斗中，经上料斗进入搅拌主机。水及液态外加剂经计量后，在往搅拌主机中进料的同时，直接进入搅拌主机。

4. 第一盘混凝土拌制的操作

（1）每次上班拌制第一盘混凝土时，先加水使搅拌筒空转数分钟，搅拌筒被充分湿润后，将剩余积水倒净。

（2）搅拌第一盘时，由于砂浆粘筒壁而损失，因此，根据试验室提供的砂石含水率及配合比配料，每班第一盘料需增加水泥10kg，砂20kg。

（3）从第二盘开始，按给定的配合比投料。

（三）搅拌时间控制

混凝土搅拌时间在60~120s之间为佳。冬期施工时搅拌时间应取常温搅拌时间的1.5倍。

（四）出料的外观及时间

出料前，在观察口目测拌合物的外观质量，保证混凝土应搅拌均匀、颜色一致，具有良好的和易性。每盘混凝土拌合物必须出尽，下料时间为20s。

（五）混凝土拌制的检查及技术要求见表4-4。

混凝土拌制技术要求及检验方法   表4-4

检验项目	技术要求	检验方案	
		检验频次	检查方式
称量误差值	水泥、掺合料、水、外加剂≤2%砂、石≤3%	日常巡检抽检≥1次/周	自检
混凝土配方	见混凝土配合比	巡检	自检

检验项目	技 术 要 求	检验方案	
		检验频次	检查方式
搅拌时间	60~120s	巡检	自检
坍落度	应根据混凝土运距、砂石料含水量、构件混凝土用量、浇筑时间、天气气候等因素进行确定	日常巡检抽检≥1次/班	自检
混凝土强度等级	≥C30	抽检≥1次/班	试验室

（六）冬期施工混凝土的搅拌

1. 室外日平均气温连续 5d 稳定低于 5℃时，混凝土拌制应采取冬施措施，并应及时采取气温突然下降的防冻措施。

2. 配制冬期施工的混凝土，应优先选用硅酸盐水泥或普通硅酸盐水泥，水泥强度等级不应低于 42.5，最小水泥用量不宜少于 $300kg/m^3$，水灰比不应大于 0.4。

3. 冬期施工宜使用无氯外加剂。

4. 混凝土所用骨料必须清洁，不得含有冰、雪等冻结物及易冻裂的矿物质。

5. 混凝土拌制前，应用热水或蒸汽冲洗搅拌机，拌制时间应取常温的 1.5 倍。混凝土拌合物的出机温度不宜低于 10℃，入模温度不得低于 5℃。

6. 冬期混凝土拌制的质量检查除遵守表 4-4 的规定外，尚应进行检查，并且每一工作班至少应测量检查两次。检查内容如下：

（1）检查外加剂的掺量。

（2）测量水和外加剂溶液以及骨料的加热温度和加入搅拌机的温度。

（3）测量混凝土自搅拌机中卸出时的温度和浇筑时的温度。

二、混凝土的运输

混凝土拌合物采用输送料斗输送到浇筑工位，如图 4-21、图 4-22 所示。

图 4-21　混凝土运输料斗

图 4-22　混凝土布料机

运输要求：

1. 在运输过程中，应保持混凝土的匀质性，避免产生分层和离析现象。

2. 应保证混凝土的浇筑工作连续进行。

3. 运送混凝土的容器应严密、不漏浆，容器的内部应平整光洁、不吸水。

第五章　预制混凝土构件生产制作

本章将结合预制混凝土构件生产制作的主要特点，对预制混凝土构件生产工艺、生产设备、常见构件制作流程和预制夹心混凝土外墙板制作实例进行详细介绍，方便读者了解生产制作的过程。

第一节　生　产　工　艺

在经过制备、组装、清理并涂刷过隔离剂的模板内安装钢筋和预埋件后，即可进行混凝土预制构件的成型。成型工艺主要有以下几种：

按照模台的运动与否分为自动流水线和固定模位法；按照模板的支立方向分为平模和竖模。

一、自动流水线工艺

生产线一般建在厂房内，适合生产板类构件，如楼板、内外墙板等。在生产线上，按工艺要求依次设置若干操作工位。模台沿生产线行走过程中完成各道工序，然后将已成型的构件连同模台送进养护窑。这种工艺机械化程度较高，生产效率也高，可连续循环作业，便于实现自动化生产。平模传送流水工艺的布局是将养护窑建在和作业线平行的一侧，构成平面流水，如图 5-1 所示。

二、固定模位工艺

该工艺主要特点是模板固定不动，在一个位置上完成构件成型的各道工序。较先进的生产线设置有各种机械如混凝土浇灌机、振捣器、抹面机等。这种工艺一般采用人工或机械振捣成型、封闭蒸汽养护。当构件脱模时，可借助专用机械使模台倾斜，然后脱模。厂区内布置图详如图 5-2 所示。

三、长线台座工艺

长线台座工艺是固定模位法的一种，适用于露天生产厚度较小的构件

图 5-1　自动流水线生产工艺

和先张法预应力钢筋混凝土构件，如空心楼板、槽形板、T 形板、双 T 板、工形板、小桩、小柱等。

台座一般长 100～180m，用混凝土灌筑而成。在台座上，传统的做法是按构件的种类和规格进行构件的单层或叠层生产，或采用快速脱模的方法生产较大的梁、柱类构件，如图 5-3 所示。

图 5-2　固定平模工艺

图 5-3　长线台座工艺

第二节　生产设备

预制构件生产厂区内主要设备按照使用功能可分为生产线设备、辅助设备、起重设备、钢筋加工设备、混凝土搅拌设备、机修设备、其他设备等七种，如图 5-4 所示。

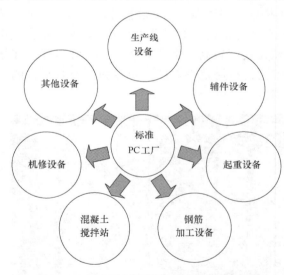

图 5-4　标准预制构件生产厂主要设备图

一、生产线设备

预制构件的生产设备主要包括：模台、清扫喷涂机、画线机、送料机、布料机、振捣刮平机、拉毛机、预养护窑、立体养护窑等。各设备简介和常见参数介绍如下：

（一）模台

目前常见模台有碳钢模台和不锈钢模台两种。通常采用 Q345 材质整板铺面，台面钢板厚度 10mm。

常见参数：

1. 目前常用的模台尺寸为 9000mm×4000mm×310mm。

2. 平整度：表面不平度在任意 3000mm 长度内±1.5mm。

3. 模台承载力：≥6.5kN/m²，如图 5-5 所示。

（二）清扫喷涂机

采用除尘器一体化设计。流量可控，喷嘴角度可调，具备雾化的功能。

常见参数：

1. 规格：4110mm×1950mm×3500mm。

2. 喷洒宽度：3500mm。

3. 总功率：4kW，如图 5-6 所示。

图 5-5　生产线模台

（三）画线机

主要用于在模台实现全自动画线。采用数控系统，具备 CAD 图形编程功能和线宽补偿功能，配备 USB 接口；按照设计图纸进行模板安装位置及预埋件安装位置定位画线，完成一个平台画线的时间小于 5min。

主要参数：

1. 规格：9380mm×3880×300mm。

2. 总功率 1kW，如图 5-7 所示。

图 5-6　清扫喷涂机

（四）送料机

有效容积不小于 2.5m³；运行速度 0～30m/min，速度变频控制可调；外部振捣器辅助下料。

运行时输送料斗运行与布料机位置设置互锁保护；在自动运转的情况下与布料机实现联动；自动、手动、遥控操作方式；每个输送料斗均有防撞感应互锁装置，行走中有声光报警装置以及静止时锁紧装置，如图 5-8 所示。

图 5-7　画线机

图 5-8　送料机加布料机共同作业

（五）布料机

布料机沿上横梁轨道行走，装载的拌合物以螺旋式下料方式工作；

储料斗有效容积：2.5m³；下料速度：（0.5～1.5）m³/min（不同的坍落度要求）在布料的过程中，下料口开闭数量可控；与输送料斗、振动台、模台运行等可实现联动互锁；具有安全互锁装置；纵横向行走速度及下料速度变频控制，可实现完全自动布料功能。

（六）振动台

模台液压锁紧；振捣时间小于30s，振捣频率可调；模台升降、锁紧、振捣、模台移动、布料机行走具有安全互锁功能。

（七）振捣刮平机

上横梁轨道式纵向行走。升降系统采用电液推杆，可在任意位置停止并自锁；大车行进速度：0～30m/min，变频可调；刮平有效宽度与模台宽度相适应；激振力大小可调。

图5-9　拉毛机

（八）拉毛机

适用于叠合楼板的混凝土表面处理；可实现升降，锁定位置；拉毛机有定位调整功能，通过调整可准确的下降到预设高度，如图5-9所示。

（九）预养护窑

养护窑几何尺寸：模台上表面与窑顶内表面有效高度不小于600mm，窑体宽度：平台边缘与窑体侧面有效距离不小于500mm。

开关门机构：垂直升降、密封可靠，升降时间小于20s；温度自动检测监控；加热自动控制（干蒸）；开关门动作与模台行进的动作实现互锁保护。窑内温度均匀：温差≤3℃。设计最高温度：不小于60℃，如图5-10所示。

图5-10　养护窑

（十）抹光机

抹头可升降调节、能准确地下降到预设高度并锁定；在作业中抹头在水平面内可实现二维方向的移动调节，在设定的范围内作业；抹平力和浮动叶片的角度可以机械地调节。

（十一）立体养护窑

每列之间内隔断保温，温、湿度单独可控；保温板芯部材料密度值不低于15kg/m³，并且防火阻燃，保温材料耐受温度不低于80℃；温度、湿度自动检测监控；加热加湿自动控制；窑内平台确保定位锁紧，支撑轮悬臂防变形设计，支撑轮悬臂轴的长度不大于300mm；窑温的均匀性：温差≤3℃。

二、生产转运设备

预制混凝土构件生产转运设备主要有翻板机、平移车、堆码机等。

（一）翻板机

负荷不小于25t；翻板角度80°～85°；动作时间：翻起到位时间≤90s。

（二）平移车

负载不小于25t/台；平移车液压缸同步升降；两台平移车行进过程保持同步，伺服控制；平台在升降车上定位准确，具备限位功能；模台状态、位置与平移车位置、状态互锁保护；行走时，车头端部安装安全防护连锁装置。

平移车如图5-11所示。

图5-11　平移车

（三）堆码机

地面轨道行走，模台升降采用卷扬式升降式结构，开门行程不小于1m；大车定位锁紧机构；升降架调整定位机构；升降架升降导向机构；负荷不小于30t；横向行走速度，提升速度均变频可调；可实现手动、自动化运行；码垛机如图5-12所示。

在行进、升降、开关门、进出窑等动作时具备完整的安全互锁功能。

在设备运行时设有声光报警装置；节拍时间≤15min（以运行距离最长的窑位为准）。

三、起重设备和其他设备

生产过程中需要起重设备、小型器具及其他设备，见表5-1。

图5-12　堆码机

生产设备　　　　　　　　　　　　　　　表5-1

工作内容	器具、工具
起重	5～10吨起重机、钢丝绳、吊索、吊装带、卡环、起驳器等
运输	构件运输车、平板转运车、叉车、装载机等
清理打磨	角磨机、刮刀、手提垃圾桶等
混凝土施工	插入式振捣器、平板振捣器、料斗、木抹、铁抹、铁锹、刮板、拉毛笆子、喷壶、温度计等
模板安装拆卸	电焊机、空压机、电锤、电钻、各类扳手、橡胶锤、磁铁固定器、专用磁铁撬棍、铁锤、线绳、墨斗、滑石笔、划粉等

工作内容	器具、工具
挤塑板安装	裁纸刀、打孔器、电钻、胶枪、尺子、皮锤等
检查测量	三米直尺(含塞尺)、卷尺、拐尺、精密水准仪(含塔尺)、水平管、回弹仪等
指挥	对讲机、哨子、旗子等
其他工具	套筒、电盒等各类预埋件工装,施工辅助工装等

第三节　预制构件生产制作流程

本节重点介绍预制混凝土夹心外墙板生产工艺流程、预应力长线台模生产工艺流程和叠合板生产工艺流程。

一、预制混凝土夹心外墙板生产工艺流程图（以反打工艺为例）

具体的生产工艺流程图如图 5-13 所示。

二、预应力长线台模生产工艺流程图

具体的生产工艺流程图如图 5-14 所示。

长线预应力台座法施工工艺：

长线预应力模位法与预制夹芯外墙板流水模位法的区别之处在于模台的不移动，缺少一次混凝土浇筑和保温板安放的施工工序。增加了预应力筋的张拉、放张和切割环节。混凝土运输、振捣、养护方式的不同。

（一）台座设计

1. 根据构件的大小、吨位、预应力筋的拉力的大小，选择不同的张拉台座。

2. 吨位较低的小型构件一般选择墩式台座；张拉吨位大的大型构件选择槽式台座。

3. 设计时必须根据张拉吨位进行台座的安全验算。防止台座在张拉预应力筋的过程中拉裂损坏，发生安全事故。

（二）预应力筋张拉

根据设计和现场实际，分别选择单根张拉、整体张拉。无论哪种形式，均应左右对称进行；当为双层预应力时，则应上下对称张拉。确保不发生扭曲。

（三）预应力筋放张

根据构件的受力体系确定放张次序。

轴心受压构件，应同时放张；偏心受预压的构件，应先放张预压力小区域的预应力筋，再同时放张预应力大的区域的预应力筋。但都应分阶段、对称、交错放张。防止构件产生扭曲、裂纹、预应力筋的断裂。并且均应缓慢释放，防止对构件造成冲击。放张时，应拆除侧模，使构件能自由变形。

三、叠合板生产工艺流程

叠合板固定模位法施工工艺（如图 5-15 所示）：

预制叠合板固定模位法与预制夹芯外墙板流水模位法的区别之处在于模台的不移动，缺少一次混凝土浇筑和保温板安放的施工工序。混凝土运输、振捣、养护方式的不同。

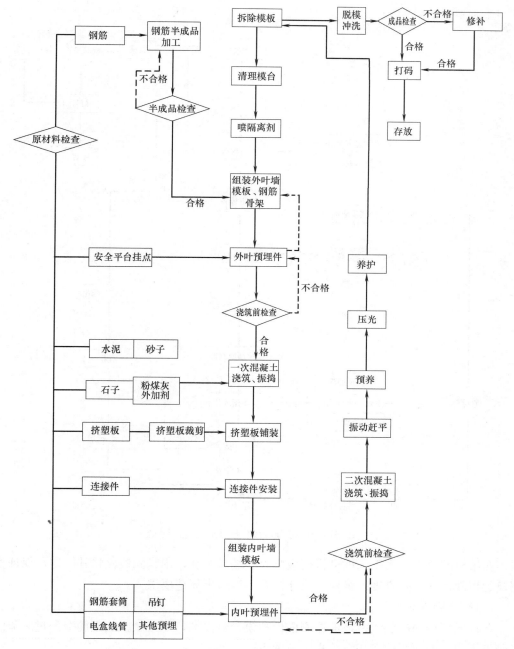

图 5-13　预制混凝土夹心外墙板生产工艺流程图

（一）模台清理

检查固定模台的稳固性能和水平高差，确保模台牢固和水平。

对模台表面进行清理后，采用手动抹光机进行打磨，确保无任何锈迹。

（二）模具清理和组模

将钢模清理干净，无残留混凝土和砂浆。

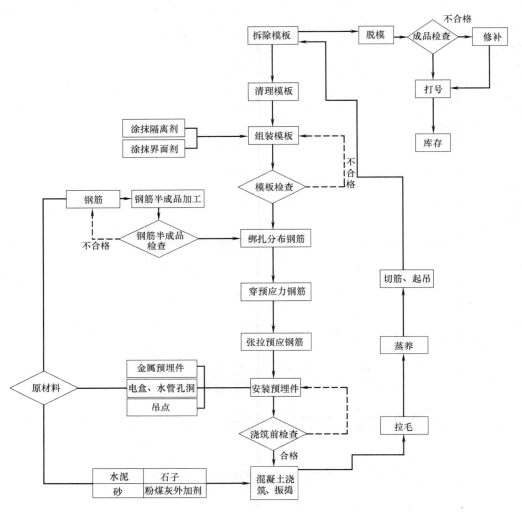

图 5-14　预应力长线台模生产工艺流程图

在吊机配合下，人工辅助进行模板侧模和端模拼装，用紧固螺栓将其固定，保证模具侧模的拼装尺寸及垂直度。组模时尺寸偏差不得超出规范要求。

（三）涂刷隔离剂

在将成型钢筋吊装入模之前涂刷模板和模台隔离剂，严禁涂刷到钢筋上。过多流淌的多余隔离剂，必须用抹布或海绵吸附清理干净。

（四）钢筋骨架绑扎安装

绑扎钢筋骨架前应仔细核对钢筋料尺寸，绑扎制作完成的钢筋骨架禁止再次割断。检查合格后，将钢筋网骨架吊放入模具，按梅花状布置好保护层垫块，调整好钢筋位置。

（五）预埋件安装

根据构件加工图，依次安装各类预埋件，并固定牢固。严禁预埋件的漏放和错放。在浇筑混凝土之前检查所有固定装置是否有损坏、变形现象。

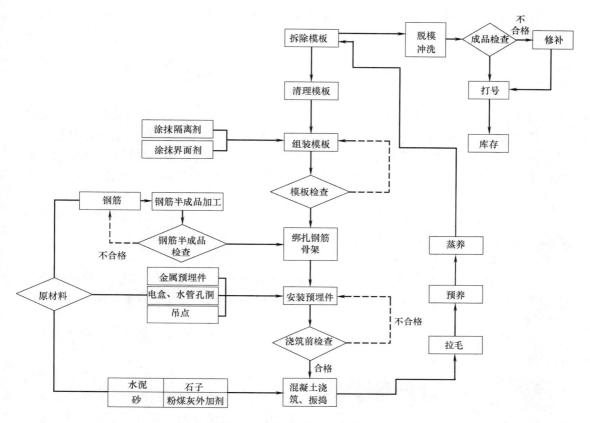

图 5-15　叠合板生产工艺流程

（六）浇筑混凝土

浇筑前检查混凝土坍落度是否符合要求。

浇筑时避开预埋件及预埋件工装。车间内混凝土的运输采用悬挂式输送料斗，或采用叉车端送混凝土布料斗的运输方式。在现场布置固定模台预制时，可采用泵车输送，或吊车吊运布料斗浇筑混凝土。

振捣方式采用振捣棒或振动平台振捣，振捣至混凝土表面不再下沉，无明显气泡溢出为止。

（七）混凝土抹面

振捣密实后，使用木抹抹平，保证混凝土表面无裂纹、无气泡、无杂质、无杂物。

（八）养护

根据季节不同、施工工期、场地不同，可采用覆盖薄膜自然养护、封闭蒸汽养护等方式。蒸汽养护器具可采用拱形棚架、拉链式棚架。

（九）拆模、脱模

拆模之前，根据同条件试块的抗压试验结果确定是否拆模。待构件强度达到 20MPa 以上，可进行拆模。先将可以提前解除锁定的预埋件工装拆除，解除螺栓紧固，再依次拆除端模、侧模模板。

可以借助撬棍拆解，但不得用铁锤锤击模板，防止造成模板变形。

模板拆模后，再次清理打磨模板，准备下次使用。暂时不用时，可涂防锈油，分类码放，以备下次使用。

第四节　预制混凝土夹心保温墙板生产工艺

以预制混凝土夹心保温板的反打工艺为例，介绍流水生产线的模台清扫、隔离剂喷涂、模台画线、下层模板安装、下层钢筋安装、混凝土一次浇筑、振捣刮平、保温板安放、连接件安装、上层模板安装、上层钢筋网片安装、预埋件安装、混凝土二次浇筑、振捣刮平、构件预养护、构件抹光、构件蒸养、构件脱模、墙板吊运、清洗检查等20道生产工艺。

当进行不含保温层的墙板、叠合板等预制构件生产时，其区别只是与本节介绍的预制夹心混凝土外墙板生产工艺减去一次混凝土浇筑施工、保温层安放的环节。

一、模台清理、喷涂、划线

（一）模台运行到清扫机位，清扫机前端铲板清除零星混凝土块、砂浆，自动归纳进入废料收集斗。滚刷进行模台表面光洁度的刷洗处理。同时，除尘器收集在清扫过程中产生的粉尘。

如果模台通过清扫机后，清扫效果达不到要求，需人工进行再次处理。定期清理废料箱、除尘器收集箱、滤筒。

图5-16　清扫机清扫作业

（二）模台运行到喷涂机位，喷涂机开始自动进行雾化喷涂隔离剂作业，在模台表面均匀地涂上一层隔离剂。隔离剂厚度、喷涂范围可以通过调整作业喷嘴的数量、喷涂角度、模台运行速度来加以调整，具体如图5-16所示。

（三）将CAD图形文件输入到划线机主机。划线机将自动在模台表面进行模板、预埋件安装位置线的绘制。

喷涂机和划线机的储料斗要定期加料，喷涂管道及喷嘴要定期清理干净，可人工划线。在模台之上，根据预制构件的长度、宽度，确定一次预制的构件数量，进而划定构件的定位轴线。根据轴线，划定外侧、内侧模板的线位，并标示出预埋件的位置，如图5-17、图5-18所示。

划线机接收来自中央控制系统的构件几何形状数据，绘制构件的轮廓线，对有门窗洞口的构件，还应绘制出相应的门洞和窗口轮廓线。

二、外叶板模板和钢筋的安装、装饰面就位

（一）经过喷涂划线工序后，模台传送到模板、钢筋的安装工位。同时绑扎成型的钢筋网片也吊运到此工位。工人以预先画好的线条为基准，在模台上进行钢筋及模板组模作业，采用螺栓连接将模板固定牢靠。工作完成后进行模板尺寸校核和钢筋网保护层检查，其中钢筋保护层垫块每平方米不少于4个，确保符合设计和施工规范要求，如图5-19、图5-20所示。

图 5-17　喷涂机

图 5-18　画线作业

图 5-19　外墙边模安装

图 5-20　第一层钢筋铺装

（二）当外墙板为结构、保温、装饰一体化的设计时，需要反打工艺。根据装饰面的设计，进行瓷砖等外饰面的固定塑胶成型。将定型塑胶底模铺设到模具内，浇筑混凝土成型。也可在预制完成后，在室内进行外饰立面的装饰装修作业，直接将瓷砖等外饰物固定在构件表面。相对传统室外作业，具有施工容易且固定更加牢固的特点，如图 5-21 所示。

三、外叶板浇筑混凝土

图 5-21　饰面反打工艺

（一）模台运行至混凝土浇筑工位，对组装的模板、钢筋及预埋件进行检查，符合要求后即可准备进行外叶板混凝土的浇筑。

（二）混凝土通过上悬式输送料斗由搅拌站运送至布料机料斗上部进行卸料。混凝土浇筑由布料机完成。自动布料时，需要根据构件的几何尺寸、混凝土的数量及坍落度等参数调整布料机相应的参数。特别是有开口的构件，需要提前设置好浇筑程序，确保自动分段开口布料。

振动台上升（或下降）并将模台锁在振动台上，根据构件厚度等参数调整振捣器的频率、振捣时间，确保混凝土振捣密实。作业人员做好听力安全防护，防止振动过程中的噪声过大，造成听力损伤，也可通过手动布料。在进行手动布料时，可以对布料机行走速度、下料速度进行调整，如图5-22、图5-23所示。

图5-22　浇筑混凝土

图5-23　振动台振捣

（三）该工序作业人员需要经过设备安全操作规程的严格培训，合格后才能上岗。输料斗、布料斗应及时清洗，废料废水及时转移外运至垃圾站。

四、保温板和连接件安装、内叶板模板和钢筋安装

（一）外叶板混凝土浇筑振捣完成后，对混凝土表面进行木抹抹平，确保表面平整。

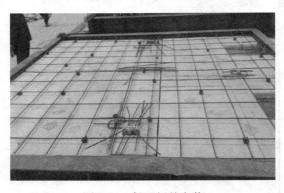

图5-24　保温板的安装

在混凝土未初凝且有一定的流动性时，将加工好的保温板依次安放好，使保温板与混凝土面充分接触，确保保温板表面平整，如图5-24所示。

（二）采用玻璃纤维连接件时，需在铺设好的保温板上，按照连接件设计图中的数量及位置，进行开孔。将连接件穿过空洞，插入外叶板混凝土，旋转连接件固定。如果采用套筒式、平板式、线型的钢制连接件，则根据需要，用裁纸刀在挤塑板上开缝或分块铺设保温板。

在保温板安装完毕后，将条状板缝或圆形孔缝注塑封闭，确保无缝隙空洞。无论采用哪种连接工艺，均应保证安装位置的准确性。

（三）保温层安装后，在保温板上安装上层模板，用于浇筑内叶板混凝土。上下层模板采用螺栓连接固定牢固。

将加工好的钢筋网片铺设到保温板上的内叶板模板内，并按图纸工艺要求安装垫块，并确保保护层的厚度，如图5-25所示。

五、预制构件中预埋件的埋设

组模和钢筋安装完成后，模台运转到此工位，开始进行连接套筒、电盒、穿线管、斜撑点、吊点、模板加固点等预埋件的安装。

按照设计和施工规范要求，将连接套筒（已插入固定套筒胶座）依次用螺丝连接紧固在边模上。将灌浆管道伸出浇筑混凝土表面并封闭，防止泥浆砂石堵塞管道。利用工装将各种预埋件

图 5-25　钢筋二次布设

（斜支撑固定点、现浇混凝土模板固定点、外挂点）安装在模具内。将吊点安装在模板开口处，各个预埋件尾端均安装锚筋。

然后再安装电盒、穿线管、门窗口木砖等预埋件。其中电盒采用磁性固定底座定位。穿线管可采用绑扎进行固定。

各种预留预埋管线（件）如图 5-26～图 5-31 所示。

图 5-26　线管、线盒预埋

图 5-27　内螺旋预埋

图 5-28　连接套筒与注浆管预埋方式一

图 5-29　连接套筒与注浆管预埋方式二

图 5-30　连接挂点预埋

图 5-31　浆锚连接管预埋

六、内叶板浇筑混凝土、预养护、抹光、蒸养

（一）内叶板浇筑混凝土工序参照外叶板混凝土的浇筑过程。

在振捣刮平工位，依靠振捣刮平机对混凝土表面进行振捣，在振捣的同时对混凝土表面进行刮平。机械自动刮平后，人工局部再次刮平，如图 5-32、图 5-33 所示。

图 5-32　内叶板浇筑混凝土

图 5-33　机械刮平及修补

（二）构件完成表面刮平后，进入预养护窑。通过对混凝土进行蒸养，以获得一定的初始结构强度，达到构件表面搓平压光的要求，如图 5-34 所示。

预养护采用干蒸的方式，利用蒸汽管道散发的热量获得所需的窑内温度。窑内温度实现自动监控、蒸汽通断自动控制。窑内温度控制 30～35℃区间，最高温度不超过 40℃。

（三）经过预养护的混凝土预制构件已完成初凝，达到一定强度。出预养窑，进入抹光工位后，对构件面层进行搓平抹光。抹光机作业后，人工再次作业，确保构件所有表面的平整度及光洁度符合规范要求。抹光作业如图 5-35 所示。

（四）构件在搓平抹光符合规范要求后，由堆码机将模台送入立体蒸养窑内进行蒸养。在恒温蒸养 8～10h 后，再次由堆码机将平台从蒸养窑内取出送至窑外。

立体蒸养采用蒸汽湿热蒸养方式，利用蒸汽管道散发的热量及直接通入窑内的蒸汽获得所需的温度及湿度。温度、湿度实现全自动控制，蒸养温度最高不超过 60℃，确保升温及降温的速度符合要求，同时确保蒸养窑内各点温度均匀。对构件进行蒸养，使之达到脱模及吊装的强度要求，构件脱模强度不低于 20MPa。

图 5-34　预养　　　　　　　　　　　　　　图 5-35　抹光作业

　　蒸养参数设置：升温速度不大于 15℃/h；恒温温度不大于 60℃；降温速度不大于 20℃/h。

　　堆码机操作人员必须经过严格的岗前培训合格之后才能上岗。

七、预制构件拆模、起运

　　构件蒸养完成之后，运行至下一工位，拆除边模及门窗口模板。

　　用扳手松开模板的固定螺栓，用专用撬棍松动固定磁铁，或用其他工具解除轴销固定装置的锁定。利用起重机配合拆除所有的模板，并对边模和门窗口模板进行清理，模板清理干净后传运到下一模板装配工位。

　　已拆除完毕模具的模台，运行至墙板吊运工位。安装起吊吊具，利用翻板机将墙板倾斜状竖起，吊至构件专用运输车上，如图 5-36 所示。运至指定的构件堆放位置，并固定牢固，如图 5-37 所示。

　　采用后浇混凝土或砂浆、灌浆料连接的预制构件结合处，拆模后应按设计要求进行粗糙面处理。设计无具体要求时，可采用化学法、人工或机械凿毛等方法进行处理。其中化学法是缓凝水冲法，是指将高效缓凝剂涂抹在模板的内侧表面，在浇筑构件混凝土后，当

(a)　　　　　　　　　　　　　　　　　　(b)

图 5-36　预制构件的起吊

(a) 墙板起吊；(b) 叠合板起吊

构件内部混凝土达到凝固，但构件表层 3～5mm 厚范围内的混凝土尚未凝固时，用高压水冲洗构件表层混凝土，去除表层的浮浆和细集料，使粗骨料部分裸露（1/3～1/2 粒径）而形成粗糙表面的方法。

(a)   (b)

图 5-37   构件运至堆场
(a) 墙板的运输；(b) 墙板堆放

八、其他

预制构件生产的工艺流程中的各个工序占用模台数量和所需工人人数，应根据流水线节拍设计、工作内容难易程度和工作量的多少确定。

此外，固定模位法中的工艺流程与流水线法一致，使用的部分工器具、工艺有所区别。

第六章　预制构件生产过程的质量检查

第一节　预制构件钢筋及接头的质量检查

一、钢筋原材检查

钢筋加工前应检查如下内容：

1. 钢筋应无有害的表面缺陷，按盘卷交货的钢筋应将头尾有害缺陷部分切除。锈皮、表面不平整或氧化铁皮不作为拒收的理由。

2. 直条钢筋的弯曲度不得影响正常使用，每米弯曲度不应大于4mm，总弯曲度不大于钢筋总长度的0.4%。钢筋的端部应平齐，不影响连接器的通过。

3. 钢筋表面不得用横向裂纹、结巴和折痕，允许有不影响钢筋力学性能和连接的其他缺陷。

4. 弯芯直径弯曲180°后，钢筋受弯曲部位表面不得产生裂纹。

5. 钢筋原材质量具体要求见本书第二章第二节表2-18、表2-19。

二、钢筋加工成型后检查

1. 钢筋下料必须严格按照设计及下料单要求制作，制作过程中应当定期、定量检查，对于不符合设计要求及超过允许偏差的一律不得绑扎，按废料处理。钢筋加工允许偏差见表6-1。

钢筋加工的允许偏差 表6-1

项目	允许偏差（mm）	项目	允许偏差（mm）
受力钢筋顺长度方向全长的净尺寸	±10	箍筋内径净尺寸	±5
弯起钢筋的弯折位置	±20		

2. 纵向钢筋（带灌浆套筒）及需要套丝的钢筋，不得使用切断机下料，必须保证钢筋两端平整，套丝长度、丝距及角度必须严格按照图纸设计要求，纵向钢筋及梁底部纵筋（直螺纹套筒连接）套丝应符合规范要求，套丝机应当指定专人且有经验的工人操作，质检人员不定期进行抽检。

三、钢筋丝头加工质量检查

钢筋丝头加工质量检查的内容包括：

1. 钢筋端平头：平头的目的是让钢筋端面与母材轴线方向垂直，采用砂轮切割机或其他专用切断设备，严禁气焊切割。

2. 钢筋螺纹加工：使用钢筋滚压直螺纹机将待连接钢筋的端头加工成螺纹。加工丝头时，应采用水溶性切削液，当气温低于0℃时，应掺入15%～20%亚硝酸钠。严禁用机油作切削液或不加切削液加工丝头。

3. 丝头加工长度为标准型套筒长度的 1/2，其公差为＋2P（P 为螺距）。

4. 丝头质量检验：操作工人应按要求检查丝头的加工质量，每加工 10 个丝头用通环、止环规检查一次。

5. 经自检合格的丝头，应通知质检员随机抽样进行检验，以一个工作班内生产的丝头为一个验收批，随机抽检 10%，且不得少于 10 个，并填写钢筋丝头检验记录表。当合格率小于 95% 时，应加倍抽检，复检总合格率仍小于 95% 时，应对全部钢筋丝头逐个进行检验，切去不合格丝头，查明原因并解决后重新加工螺纹。

四、钢筋绑扎质量检查

（一）绑扎过程中，对于尺寸、弯折角度不符合设计要求的钢筋不得绑扎。

（二）开处可不留保护层，钢筋绑扎的允许偏差及检验方法见表 6-2。

钢筋安装位置的允许偏差及检验方法 　　　　　　　　表 6-2

项　　目			允许偏差（mm）	检验方法
绑扎钢筋网	长、宽		±10	钢尺检查
	网眼尺寸		±20	钢尺量连续三档,取最大值
绑扎钢筋骨架	长		±10	钢尺检查
	宽、高		±5	钢尺检查
受力钢筋	间距		±10	钢尺量两端、中间各一点,取最大值
	排距		±5	
	保护层厚度（含箍筋）	基础	±10	钢尺检查
		柱、梁	±5	钢尺检查
		板、墙、壳	±3	钢尺检查
绑扎箍筋、横向钢筋间距			±20	钢尺连续量三档,取最大值
钢筋弯起点位置			20	钢尺检查
预埋件	中心线位置		5	钢尺检查
	水平高差		+3,0	钢尺和塞尺检查
纵向受力钢筋	锚固长度		−20	钢尺检查

注：1. 检查预埋件中心线位置时，应沿纵、横两个方向量测，并取其中的最大值。

　　2. 表中梁类、板类构件上部纵向受力钢筋保护层厚度的合格点率应达到 90% 及以上，且不得有超过表中数值 1.5 倍的尺寸偏差。

第二节　生产模具的尺寸检查

一、模具组装前的检查

所有模具必须清除干净，不得存有铁锈、油污及混凝土残渣，根据生产计划合理选取模具，保证充分利用模台，对于存在变形超过规定要求的模具一律不得使用，首次使用及大修后的模板应当全数检查，使用中的模板应当定期检查，并做好检查记录，模具允许偏差及检验方法见表 6-3。

预制构件模具尺寸的允许偏差和检验方法　　　　　表 6-3

项次	项目		允许偏差(mm)	检验方法
1	长度		0,−4	激光测距仪或钢尺,测量平行构件高度方向,取最大值
2	宽度		0,−4	激光测距仪或钢尺,测量平行构件宽度方向,取最大值
3	厚度		0,−2	钢尺测量两端或中部,取最大值
4	构件对角线		<5	激光测距仪或钢尺量纵横两个方向对角线
5	侧向弯曲		L/1500,且≤3	拉尼龙线,钢角尺测量弯曲最大处
6	端向弯曲		L/1500	拉尼龙线,钢角尺测量弯曲最大处
7	底模板表面平整度		2	2m 铝合金靠尺和金属塞尺测量
8	拼装缝隙		1	金属塞片或塞尺量
9	预埋件、插筋、安装孔、预留孔中心线位移		3	钢尺测量中心坐标
10	端模与侧模高低差		1	钢角尺量测
11	窗框口	厚度	0,−2	钢尺测量两端或中部,取最大值
		长度、宽度	0,−4	激光测距仪或钢尺,测量平行构件长度、宽度方向,取最大值
		中心线位置	3	用尺量纵横两中心位置
		垂直度	3	用直角尺和基尺测量
		对角线差	3	用尺量两个对角线

二、刷隔离剂

隔离剂使用前确保脱模剂在有效使用期内,隔离剂必须均匀涂刷。

三、模具组装

边模组装前应当贴双面胶或者组装后打密封胶,防止浇筑振捣过程漏浆,侧模与底模、顶模组装后必须在同一平面内,严禁出现错台,组装后校对尺寸,特别注意对角尺寸,然后使用磁力盒进行加固,使用磁力盒固定模具时,一定要将磁力盒底部杂物清除干净,且必须将螺丝有效地压到模具上,允许误差及检验方法见表 6-4。

模具组装尺寸允许偏差及检验方法　　　　　表 6-4

测定部位	允许偏差(mm)	检验方法
边长	±2	钢尺四边测量
对角线误差	3	细线测量两根对角线尺寸,取差值
底模平整度	2	对角用细线固定,钢尺测量细线到底模各点距离的差值,取最大值
侧模高差	2	钢尺两边测量取平均值
表面凹凸	2	靠尺和塞尺检查
扭曲	2	对角线用细线固定,钢尺测量中心点高度差值
翘曲	2	四角固定细线,钢尺测量细线到钢模板边距离,取最大值

测定部位	允许偏差（mm）	检验方法
弯曲	2	四角固定细线,钢尺测量细线到钢模顶距离,取最大值
侧向扭曲	$H \leqslant 300$　1.0	侧模两对角线细线固定,钢尺测量中心点高度
	$H > 300$　2.0	侧模两对角用细线固定,钢尺测量中心点高度

第三节　预埋件、预留洞口质量检查

一、预埋件检查

预埋件的材料、品种应按照构件制作图要求进行制作,并准确定位。各种预埋件进场前要求供应商出具合格证和质保单,并对产品外观、尺寸、强度、防火性能、耐高温性能等进行检验。

二、预埋件制作及安装

预埋件制作及安装一定要严格按照设计给出的尺寸要求制作,制作安装后必须对所有预埋件的尺寸进行验收。预埋件加工允许偏差见表6-5,模具预留孔洞中心位置的允许偏差见表6-6。

预埋件加工允许偏差　　　　　　　　　　　　　　　　　　表 6-5

项次	检验项目及内容		允许偏差（mm）	检验方法
1	预埋钢板的边长		0,−5	用钢尺量
2	预埋钢板的平整度		1	用直尺和塞尺量
3	锚筋	长度	10,−5	用钢尺量
		间距偏差	±10	用钢尺量

模具预留孔洞中心位置的允许偏差　　　　　　　　　　　　表 6-6

项次	检验项目及内容	允许偏差（mm）	检验方法
1	预埋件、插筋、吊环、预留孔洞中心线位置	3	用钢尺量
2	预埋螺栓、螺母中心线位置	2	用钢尺量
3	灌浆套筒中心线位置	1	用钢尺量

注:检查中心线位置时,应沿纵、横两个方向测量,并取其中的较大值。

三、连接套筒、连接件、预埋件、预留孔洞检验

固定在模板上的连接套筒、连接件、预埋件、预留孔洞位置的偏差应按表6-7的规定进行检测。

连接套管、预埋件、连接件、预留孔洞的允许偏差　　　　　　表 6-7

项　　目		允许偏差（mm）	检验方法
钢筋连接套筒	中心线位置	±3	钢尺检查
	安装垂直度	1/40	拉水平线、竖直线测量两端差值且满足连接套管施工误差要求
	套管内部、注入、排出口的堵塞		目视

项 目		允许偏差(mm)	检验方法
预埋件(插筋、螺栓、吊具等)	中心线位置	±5	钢尺检查
	外露长度	+5~0	钢尺检查且满足连接套管施工误差要求
	安装垂直度	1/40	拉水平线、竖直线测量两端差值且满足施工误差要求
连接件	中心线位置	±3	钢尺检查
	安装垂直度	1/40	拉水平线、竖直线测量两端值且满足连接套管施工误差要求
预留孔洞	中心线位置	±5	钢尺检查
	尺寸	+8,0	钢尺检查
其他需要先安装的部件	安装状况:种类、数量、位置、固定状况		与构件制作图对照及目视

第四节 混凝土浇筑前质量检查

混凝土浇筑前应逐项对模具、钢筋、钢筋骨架、钢筋网片、连接套筒、拉结件、预埋件、吊具、预留孔洞、混凝土保护层厚度等进行检查验收并填写自检表,详见表6-8。

混凝土浇筑前质量检查　　　　　　　　　　　　　表6-8

序号	检查内容	检查标准	实测数据	自检判定
1	保温板拼装缝	0~3mm		
2	合模尺寸	±2mm		
3	模具对角线	±3mm		
4	侧模垂直度	1mm(直角尺测量)		
5	连接件位置	±10mm		
6	连接件安装深度	0~2mm		
7	连接件完整程度	不允许任何损坏		
8	连接件安装垂直度	1/40		
9	连接件安装数量	不允许任何损坏		
10	钢筋笼长度尺寸	±10mm		
11	钢筋笼宽度尺寸	±5mm		
12	钢筋笼高度尺寸	±10mm		
13	主筋位置、间距	±5mm		
14	箍筋间距	±20mm		
15	保护层	±3mm		
16	外露钢筋尺寸	0~5mm		
17	吊钩安装质量	钢筋型号、锚固长度、外露长度		
18	套筒中心线位置	±3mm		

序号	检查内容	检查标准	实测数据	自检判定
19	套筒数量	不允许漏放,同时检查套筒与套丝钢筋的紧固程度		
20	套筒与侧模缝隙	0～1mm		
21	埋件中心线位置	±5mm		
22	埋件安装数量	不允许漏放		
23	埋件下方穿孔钢筋	钢筋型号、长度,埋件位于钢筋中心		
24	电器盒型号及数量	严格按图纸安装		
25	电器盒中心线位置	±5mm		
26	电器盒偏斜	不允许偏斜		
27	电器盒高度	−2～0mm		
28	钢筋网片尺寸	±10mm		
29	钢筋网片网眼尺寸	±20mm		
30	埋件安装垂直度	1/40		
31	埋件安装数量	不允许漏放		
32	预留孔尺寸	0～8mm		
33	木砖数量	不允许漏放		
34	木砖高度	±2mm		

第五节　预制构件装饰装修材料质量检查

一、预制构件门窗框检查

当带门窗框、预埋管线的预制构件在制作、浇筑混凝土前预先放置好的,固定时要采取防止污染门窗框表面的保护措施,避免框体与混凝土直接接触产生电化学腐蚀,具体要求见表6-9。

门框和窗框安装位置允许偏差　　　　　　　　　　表6-9

项目	允许偏差(mm)	检验方法
门窗框定位	±1.5	钢尺检查
门窗框对角线	±1.5	钢尺检查
门窗框水平度	±1.5	钢尺检查

注:当采用计数检验时,除有专门要求外,合格点率应达到80%及以上,且不得有严重缺陷,可以评定为合格。

二、外装饰面砖检查

部分项目需要带装饰面层的预制构件,常规采用水平浇筑一次成型反打工艺,构件外装饰允许偏差见表6-10,生产检查时应注意:

1. 外装饰面砖的图案、分隔、色彩、尺寸需和设计要求一致,必要时可做大样图。

2. 面砖铺贴前先进行模具清理,按照外装饰敷设图的编号分类摆放。

3. 面砖敷设前要按照图纸控制尺寸和标高在模具上设置标记,并按照标记固定和校正面砖。

4. 面砖敷设后表面要平整，接缝应顺直，接缝的宽度和深度应符合设计要求。

构件外装饰允许偏差 表6-10

外装饰种类	项目	允许偏差（mm）	检验方法
通用	表面平整度	2	2m靠尺或塞尺检查
石材和面砖	阳角方正	2	用托线板检查
	上口平直	2	拉通线用钢尺检查
	接缝平直	3	用钢尺或塞尺检查
	接缝深度	±5	
	接缝宽度	±2	用钢尺检查

注：当采用计数检验时，除有专门要求外，合格点率应达到80%及以上，且不得有严重缺陷，可以评定为合格。

第六节 构件成品外观及尺寸质量验收

一、成品质量检查

预制构件拆模完成后，应及时对预制构件的外观尺寸、外观质量及预留钢筋、连接套管、预埋件和预留孔洞允许偏差进行检查。详见表6-11、表6-12。

构件外观质量 表6-11

名称	现象	一般缺陷	严重缺陷
露筋	构件内钢筋未被混凝土包裹而外露	纵向受力钢筋有露筋	其他钢筋有少量露筋
蜂窝	混凝土表面缺少水泥砂浆而形成石子外露	构件主要受力部位有蜂窝	其他部位有少量蜂窝
孔洞	混凝土中孔穴深度和长度均超过保护层厚度	构件主要受力部位有孔洞	其他部位有少量孔洞
夹渣	混凝土中夹有杂物且深度超过保护层厚度	构件主要受力部位有夹渣	其他部位有少量夹渣
疏松	混凝土中局部不密实	构件主要受力部位有疏松	其他部位有少量疏松
裂缝	缝隙从混凝土表面延伸至混凝土内部	构件主要受力部位有影响结构性能或使用功能的裂缝	其他部位有少量不影响结构性能或使用功能的裂缝
连接部位缺陷	构件连接处混凝土有缺陷及连接钢筋、连接件松动	连接部位有影响结构传力性能的缺陷	连接部位有基本不影响结构传力性
外形缺陷	缺棱掉角、棱角不直、翘曲不平、飞边凸肋等	清水混凝土构件有影响使用功能或装饰效果的外形缺陷	其他混凝土构件有不影响使用功能的外形缺陷
外表缺陷	构件表面麻面、掉皮、起砂、沾污等	具有重要装饰效果的清水混凝土构件有外表缺陷	其他混凝土构件有不影响使用功能的外表缺陷

预制混凝土构件外形尺寸允许偏差

表 6-12

项 目		允许偏差(mm)	检验方法
长度	板、梁、柱、桁架 <12m	±5	尺量检查
	≥12m 且 <18m	±10	
	≥18m	±20	
	墙板	±4	
宽度、高(厚)度	板、梁、柱、桁架截面尺寸	±5	钢尺量一端及中部,取其中偏差绝对值较大处
	墙板的高度、厚度	±3	
表面平整度	板、梁、柱、墙板内表面	5	2m靠尺和塞尺检查
	墙板外表面	3	
侧向弯曲	板、梁、柱	L/750 且≤20	拉线、钢尺量最大侧向弯曲处
	墙板、桁架	1/1000 且≤20	
翘曲	板	1/750	调平尺在两端量测
	墙板	1/1000	
对角线差	板	10	钢尺量两个对角线
	墙板、门窗口	5	
挠度变形	梁、板、桁架设计起拱	±10	拉线、钢尺量最大弯曲处
	梁、板、桁架下垂	0	
预留孔	中心线位置	5	尺量检查
	孔尺寸	±5	
预留洞	中心线位置	10	尺量检查
	洞口尺寸、深度	±10	
门窗口	中心线位置	5	尺量检查
	宽度、高度	±3	
预埋件	预埋件中心线位置	5	尺量检查
	预埋件与混凝土面平面高差	0,−5	
	预埋螺栓中心线位置	2	
	预埋螺栓外露长度	+10,−5	
	预埋套筒、螺母中心线位置	2	
	预埋套筒、螺母与混凝土面平面高差	0,−5	
	线管、电盒、木砖、吊环在构件平面的中心线位置偏差	20	
	线管、电盒、木砖、吊环与构件表面混凝土高差	0,−10	
预留插筋	中心线位置	3	尺量检查
	外露长度	+5,−5	
键槽	中心线位置	5	尺量检查
	长度、宽度、深度	±5	

注:1. L 为构件长度(mm);

2. 检查中心线、螺栓和孔道位置偏差时,应沿纵、横两个方向量测,并取其中偏差较大值。

二、成品修补

当在检查时发现有表面破损和裂缝时，要及时进行处理并做好记录。对于需修补的可根据程度分别采用不低于混凝土设计强度的专用浆料修补、环氧树脂修补、专用防水浆料修补，成品缺陷修补见表 6-13。

成品缺陷修补表

表 6-13

项目		处理方案	检验方法
破损	1. 影响结构性能且不能恢复的破损	废弃	目测
	2. 影响钢筋、连接件、预埋件锚固的破损	废弃	目测
	上述 1、2 以外的，破损长度超过 20mm	修补	目测、卡尺测量
	4 上述 1、2 以外，破损长度超过 20mm 以下	现场修补	
裂缝	1. 影响结构性能且不可恢复的裂缝	废弃	目测
	2. 影响钢筋、连接件、预埋件锚固的裂缝	废弃	目测
	3. 裂缝宽度大于 0.3mm 且裂缝长度超过 300mm	废弃	目测、卡尺测量
	4. 上述 1、2、3 以外的，裂缝宽度超过 0.2mm	修补	目测、卡尺测量

第七章　预制构件安全管理与运输

第一节　预制构件的产品标识

为了便于构件安装和装车运输时快速找到构件，利于质量追溯，明确各个环节的质量责任，便于生产现场管理，预制构件应有完整的明显标识。

构件标识包括构件直接标识、内埋标识、文件标识三种方式。这三个方式的内容依据为构件设计图纸、标准及规范。

一、构件直接标识

构件脱模并验收合格后应在构件醒目位置进行标识。构件标识应包括项目名称、构件编号、生产时间、检测人、重量和"合格"字样；构件标识用水性环保涂料或塑料贴膜等可清除材料。具体做法如图 7-1、图 7-2 所示。

图 7-1　楼梯标识

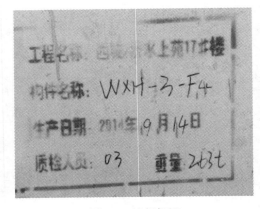

图 7-2　墙板标识

图 7-3　埋植芯片及张贴二维码

二、内埋标识（埋植芯片及张贴二维码）

为了将物联网融合到施工管理中，需要将芯片安装在构件之中。芯片一般布置在表层混凝土 20mm 厚度以内。为方便施工操作，可使用软件根据构件编号生成二维码，贴在构件表面，安装时可以使用手机安装的客户端查阅相关信息。具体做法如图 7-3 所示。芯片设置要求如下：

1. 构（配）件 RFID 芯片埋置深度为 20mm。

2. 预制内墙板的 RFID 芯片植入部位，植入面为内墙板生产时的上表面（内墙板紧贴模台的一面为下表面，外露的一面为上表面），高度距墙体底部 1.5m，纵向离墙体端部 0.5m 处（如图 7-4 所示）。

3. 预制外墙板的 RFID 芯片植入部位，植入面面向建筑物内侧（人面向墙板），高度距底边 1.5m，纵向离右边沿 0.5m 处（如图 7-5 所示）。

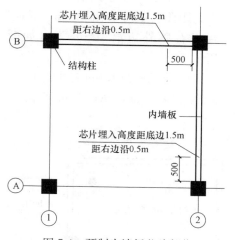

图 7-4　预制内墙板芯片部位

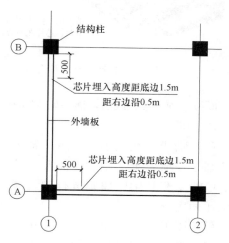

图 7-5　预制外墙板芯片部位

4. 预制梁的 RFID 芯片植入部位，植入面位于梁侧面，面向轴线序数小的方向，例：B 轴线的梁植入面面向 A 轴线，2 轴线的梁植入面面向 1 轴线，依次类推。埋设位置位于梁底面以上 0.1m 梁高处，纵向距右边沿 0.5m 处（如图 7-6 所示）。

5. 预制柱的 RFID 芯片的植入部位，植入面面向轴线序数小的方向，例：B 轴线的柱植入面面向 A 轴线，2 轴线的柱植入面面向 1 轴线，依次类推。高度距地面 1.5m，纵向距右边沿 0.1m 处（如图 7-7 所示）。

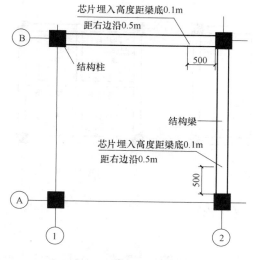

图 7-6　预制梁芯片部位

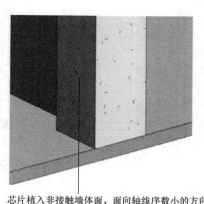

芯片植入非接触墙体面，面向轴线序数小的方向，高度距地面 1.5m，距离柱右边沿 0.1m

图 7-7　预制柱芯片部位

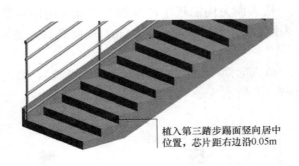

植入第三踏步踢面竖向居中位置，芯片距右边沿0.05m

图 7-8　预制楼梯芯片部位

6. 预制楼梯的 RFID 芯片植入部位，位于自下至上第三个踏步踢面竖向居中处，人面向楼梯踏步站立，距右侧边沿 0.05m 处（如图 7-8 所示）。

7. 预制阳台 RFID 芯片的植入部位，人员在房间内面向阳台站立，植入点为距阳台板外边沿 0.5m，纵向距阳台板右侧外边沿 0.5m 处（如图 7-9 所示）。

8. 预制楼板 RFID 芯片的植入部位，植入面位于预制楼板底层，横、纵方向距离轴线数小的梁或墙各 0.5m（如图 7-10 所示）。

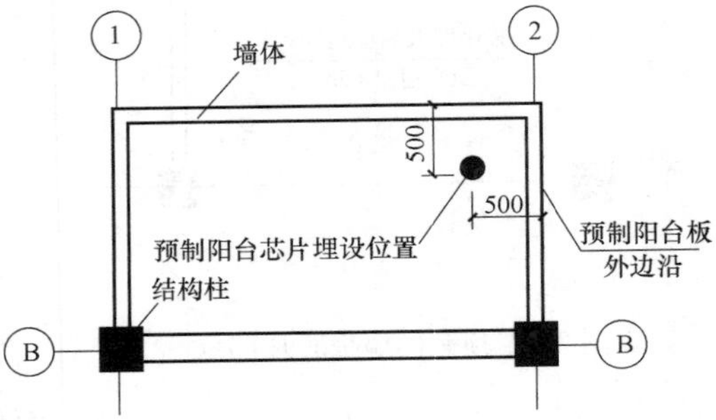

9. 说明：

（1）轴线序数大小：按照 2 轴大于 1 轴、3 轴大于 2 轴、B 轴大于 A 轴、C 轴大于 B 轴的原则进行轴线序数大小的比较。

（2）RFID 芯片埋置时，数字优先级大于字母优先级。如预制柱相邻的两个面均满足上述第 6 条的要求，则优先埋设在面向数字轴线的柱面上。

（3）根据上述 2～8 条规则进行 RFID 芯片埋设时，如遇到预留洞口、墙体交接等不便埋设的情况时，分别按照 100mm、200mm、300mm 等 100mm 递增的原则向数字、字母轴线序数小的方向调整，调整至具备埋设条件的部位。

图 7-9　预制阳台芯片部位

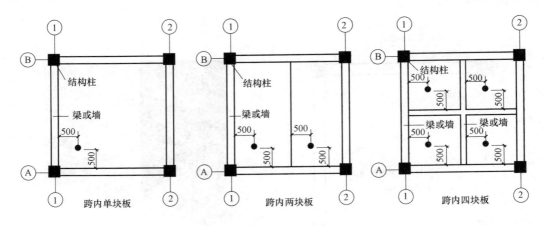

图 7-10　预制楼板芯片部位

三、文件标识（合格证）

构件生产企业应按照有关标准规定或合同要求，对供应的产品签发产品质量证明书，明确重要技术参数，有特殊要求的产品应提供安装说明书。构件生产企业的产品合格证应包括：合格证编号、构件编号、产品数量、预制构件型号、质量情况、生产企业名称、生产日期、出厂日期、质检员及质量负责人签字等。

第二节　预制构件的存放与运输

构件在浇筑、养护出窑后，应按规范要求存放，确保预制构件在运输之前不受损破坏。

一、构件存放

构件的存放场地应平整坚实，并具有排水措施，堆放构件时应使构件与地面之间留有一定空隙。根据构件的刚度及受力情况，确定构件平放或立放，板类构件一般宜采用叠合平放，对宽度等于及小于500mm的板，宜采用通长垫木；大于500mm的板，可采用不通长的垫木。垫木应上下对齐，在一条垂直线上；大型桩类构件宜平放。薄腹梁、屋架、桁架等宜立放。构件的断面高宽比大于2.5时，堆放时下部应加支撑或有坚固的堆放架，上部应拉牢固定，以免倾倒。墙板类构件宜立放，立放又可分为插放和靠放两种方式。插放时场地必须清理干净，插放架必须牢固，挂钩工应扶稳构件，垂直落地，靠放时应有牢固的靠放架，必须对称靠放和吊运，其倾斜角度应保持大于80°，板的上部应用垫块隔开。

构件的最多堆放层数应按构件强度、地面耐压力、构件形状和重量等因素确定。预制叠合板、楼梯、内外墙板、梁的存放如图7-11～图7-14所示。

图 7-11　叠合板的存放

图 7-12　楼梯的存放

二、预制构件存放的注意事项

（一）存放前应先对构件进行清理。构件清理标准为套筒、埋件内无残余混凝土、粗糙面分明、光面上无污渍、挤塑板表面清洁等。套筒内如有残余混凝土，应及时清理。埋件内如有混凝土残留现象，应与埋件匹配型号的丝锥进行清理，操作丝锥时需要注意不能一直向里拧，要遵循"进两圈回一圈"的原则，避免丝锥折断在埋件内，造成不必要的麻烦。外露钢筋上如有残余混凝土需进行清理。检查是否有卡片等附件漏卸现象，如有漏卸，及时拆卸后送至相应班组。

图 7-13　内、外墙板的存放

图 7-14　梁的存放

（二）将清理完的构件装到摆渡车上，起吊时避免构件磕碰，保证构件质量。摆渡车由专门的转运工人进行操作，操作时应注意摆渡车轨道内严禁站人，严禁人车分离操作，人与车的距离保持在 2～3m，将构件运至堆放场地。然后指挥吊车将不同型号的构件码放到规定的堆放位置，码放时应注意构件的整齐。

图 7-15　预制叠合板的堆放

（三）预制构件应按吊装、存放的受力特征选择卡具、索具、托架等吊装和固定维稳措施。对于清水混凝土构件，要做好成品保护，可采用包裹、盖、遮等有效措施。预制构件存放处 2m 范围内不应进行电焊、气焊作业。

预制叠合板的堆放如图 7-15 所示。

三、构件运输的要求

（一）构件码放要求

预制构件一般采用专用运输车运输；采用改装车运输时应采取相应的加固措施。预制构件运输过程中，运输的振动荷载、垫木不规范、预制构件堆放层数过多等也可能使预制构件在运输过程中结构受损、破坏，同时也有可能由于运输的不规范导致保温材料、饰面材料、预埋部件等破坏。

（二）构件出厂强度要求

构件出厂时混凝土强度实测值不应低于 30MPa；预应力构件当无设计要求时，出厂时的混凝土强度不应低于混凝土立方体抗压强度设计值的 75%；运输时动力系数宜取 1.5。

（三）运输过程安全控制

预制混凝土构件运输宜选用低平板车，并采用专用托架，构件与托架绑扎牢固。预制混凝土梁、叠合板和阳台板宜采用平放运输；外墙板、内墙板宜采用竖直立放运输；柱可采用平放和立放运输，当采用立放运输时应防止倾覆。预制混凝土梁、柱构件运输时平放不宜超过 2 层。搬运托架、车厢板和预制混凝土构件间应放入柔性材料，构件应用钢丝绳或夹具与托架绑扎，构件边角或锁链接触部位的混凝土应采用柔性垫衬材料保护。

（四）装运工具要求

装车前转运工应先检查钢丝绳、吊钩吊具、墙板架子等各种工具是否完好、齐全。确保挂钩没有变形，钢丝绳没有断股开裂现象，确定无误后方可装车。吊装时按照要求，根据构件规格型号采用相应的吊具进行吊装，不能有错挂漏挂现象。

（五）运输组织要求

进行装车时应按照施工图纸及施工计划要求组织装车，注意将同一楼层的构件放在同一辆车上。不可随意装车，以免到现场卸车费时费力。装车时注意不要磕碰构件，如图7-16、图7-17所示。

图7-16　构件装车

图7-17　构件装车

四、车辆运输要求

（一）运输路线要求

选择运输路线时，应综合考虑运输路线上桥梁、隧道、涵洞限界和路宽等制约因素，超宽、超高、超长构件可能无法运输。运输前应提前选定至少两条运输路线以备不可预见情况发生。

（二）构件车辆要求

为保证预制构件不受破坏，应该严格控制构件运输过程。运输时除应遵守交通法规外，运输车速一般不应超过60km/h，转弯时应低于40km/h。构件运输到现场后，应按照型号、构件所在部位、施工吊装顺序分类存放，存放场地应为吊车工作范围内的平坦场地，如图7-18所示。

图7-18　预制件运输车

第三节　生产区域内的安全管理

生产区域内的不安全因素较多，因此该区域内的安全管理就显得尤为重要。根据范围可分为车间内的安全和堆放场内的安全。车间内的不安全因素有：水、水蒸气、用电、桁车吊装、运输、构件倾倒等，堆放场内的不安全因素有倾覆、高空作业、用电、吊车溜绳等。

一、车间内的安全注意事项

1. 生产线设备操作人员应持证上岗专人专机。起重工必须经专门安全技术培训和持证后上岗，严禁酒后作业。

2. 车间作业人员应戴安全帽，高处作业应佩挂安全带。

3. 应定期对预制构件吊装作业所用的工器具进行检查，发现有可能存在的使用风险，应立即停止使用。

4. 行车吊装区域内，非作业人员严禁进入。吊运预制构件时，构件下方严禁站人，应待预制构件降落至地面 1m 以内方准作业人员靠近，就位固定后方可脱钩。

5. 吊装作业前必须检查作业环境、吊索具、防护用品。确认吊装区域无闲散人员，障碍已排除，捆绑正确牢固，被吊物与其他物件无连接后方可作业。

二、桥式起重机安全注意事项

1. 进入现场，必须戴好安全帽，扣好帽带，并正确使用个人劳动防护用具。

2. 操作人员必须身体健康，并经过专业培训考试合格，在取得有关部门颁发的操作证或特殊工种操作证后，方可独立操作。

3. 吊装前应检查机械索具、夹具、吊环等是否符合要求并应进行试吊。

4. 吊装时必须有统一的指挥、统一的信号。

5. 桥式起重机行走道路和工作地点应坚实平整，以防沉陷发生事故。

6. 六级以上大风和雷雨、大雾天气，应暂停露天起重和高空作业。

7. 使用撬棒等工具，用力要均匀，要慢，支点要稳固，防止撬滑发生事故。

8. 构件在未经校正、焊牢或固定之前，不准松绳脱钩。

9. 起吊笨重物件时，不可中途长时间悬吊、停滞。

10. 起重吊装所用之钢丝绳，不准触及有电线路和电焊搭铁线或与坚硬物体摩擦。

11. 随时检查行吊滑触线槽与接触器连接是否紧密，防止接触不完全导致行吊断电，且增加接触器损耗。

三、生产线设备

（一）清理机安全注意事项

1. 检查清理机各部件功能是否正常，连接是否可靠。

2. 第一次操作前调节好滚刷与模台的相对位置，后续不再改动。

3. 作业时，注意不得将滚刷降至与模台抱死状态，否则会使电机烧坏。

4. 打开电源开关，自动或手动操作清理机。

5. 清理机工作过程中，禁止拆开覆盖件，或在覆盖件打开时，禁止启动清理机。

6. 工作结束后关闭电源。

7. 定期清理料斗中灰尘和维修保养机器。

（二）隔离剂喷涂机安全注意事项

1. 检查隔离剂喷涂机油位、各部件功能是否正常，连接是否可靠。

2. 打开气路球阀和电源开关，自动或手动操作隔离剂喷涂机。

3. 隔离剂喷涂机工作过程中，检查喷涂是否均匀，不均匀可能导致隔离不干净，需及时调整喷头高度、喷射压力。

4．工作结束后关闭电源。

5．注意回收油槽中隔离剂，避免污染环境。

6．添加隔离剂前先释放油箱压力。

7．定期添加隔离剂和维修保养机器。

（三）混凝土输送机安全注意事项

1．检查混凝土输送机各部件功能是否正常，连接是否可靠。

2．工作前确保轨道下无人。

3．打开电源开关，自动或手动操作混凝土输送机。

4．混凝土输送机工作过程中，严禁用手或工具伸入旋转筒中扒料、出料。

5．工作结束后清洗筒体并关闭电源。

6．定期维修保养机器。

（四）摊铺式布料机安全注意事项

1．操作、维护、保养摊铺式布料机应由专业人员进行。

2．为保证布料机的正常运转，拌制的混凝土坍落度宜为 100～200mm，粗骨料粒径小于 30mm。

3．料斗内混凝土堵塞下料口时，不得在料斗外用力敲打下料口。

4．布料机停止工作超过一个小时以上及每天工作结束后必须清洗干净。

5．作业时，严禁用手或工具伸入料斗中扒料、出料。

6．维护、保养摊铺式布料机应在停机状态下并切断电源时进行，在启动装置挂上"正在检修，禁止开机"的标识。

（五）振动台安全注意事项

1．振动台工作时要与振动体保持距离。

2．振动台工作时操作人员应佩戴耳套等安全防护装置保护双耳。

3．在模台停稳之前不得启动振动电机。

4．在停止振动之前不得启动模台上升。

5．在模台振动时，人不得站在模台上工作。

（六）振动赶平机安全注意事项

1．检查振动赶平机各部件功能是否正常，连接是否可靠。

2．打开电源开关，手动操作振动赶平机。

3．振动赶平时，禁止闲人进入设备作业范围。

4．作业时，注意不得将振动赶平机构降至与模台抱死状态。

5．工作结束后关闭电源。

6．定期维修保养机器。

（七）拉毛机安全注意事项

1．检查拉毛机各部件功能是否正常，连接是否可靠。

2．打开电源开关，手动操作拉毛机。

3．拉毛机作业时，严禁用手或工具接触拉刀、禁止闲人进入作业范围内。

4．工作结束后关闭电源。

5．定期维修保养机器。

（八）养护窑安全注意事项

1. 检查预养护窑各部件功能、汽路和水路是否正常，连接是否可靠。

2. 打开电源开关，自动或手动操作预养护窑。

3. 预养护时，禁止闲人进入设备作业范围。

4. 工作结束后关闭电源。

5. 定期维修保养机器。

（九）抹光机安全注意事项

1. 检查抹光机各部件功能是否正常，连接是否可靠。不得将振动赶平机构降至与模台抱死状态。

2. 打开电源开关，手动操作抹光机。

3. 抹光时，禁止闲人进入设备作业范围。

4. 工作结束后关闭电源。

5. 定期维修保养机器。

（十）码垛机安全注意事项

1. 操作、维护、保养码垛机应由专业人员进行。

2. 码垛机工作时，其工作区域严禁站人，防止被撞或被压而发生人身安全事故。

3. 操作机器前务必确保操作指示灯、限位传感器等安全装置工作正常，钢丝绳紧固可靠。

4. 严禁超载运行。

5. 在码垛机顶部检修时，需做好安全防护，防止跌落。

（十一）翻板机安全注意事项

1. 检查翻板机各部件功能是否正常，连接是否可靠。

2. 打开电源开关，手动操作侧翻机。

3. 翻转前确认拉钩已锁紧、放平后拉钩放松。

4. 翻板机工作过程中，侧翻区域严禁站人，严禁超载运行。

5. 工作结束后关闭电源。

6. 定期维修保养机器。

（十二）模台横移车安全注意事项

1. 操作、维护、保养模台横移车应由专业人员进行。

2. 模台横移车运动时，严禁前后站人。

3. 禁止两台横移车不同步情况下运动。

4. 禁止横移车轨道上有混凝土或其他杂物时运行。

5. 严禁违反操作流程。必须严格按规定的先后顺序进行操作。

6. 除操作人员外，工作时禁止闲人进入横移车作业范围内。

（十三）边模输送线安全注意事项

1. 检查边模输送线各部件功能是否正常，连接是否可靠。

2. 打开电源开关，手动操作边模输送线。

3. 边模输送时，禁止闲人进入作业范围内。

4. 工作结束后关闭电源。

5. 定期维修保养机器。

四、钢筋加工设备

（一）自动钢筋桁架生产线安全注意事项

1. 飞溅对人的危害

设备操作时操作者应穿戴阻燃、绝缘类劳保防护用品，设备运转时要防止他人靠近设备及工位，防止飞溅及灼热的金属颗粒辐射可能伤害眼睛和皮肤。

2. 飞溅对周围物品的危害

焊接时所产生的火花喷射及熔接后高温的母材是火灾发生的主要引火源。本设备要与易燃物保持足够的安全距离。熔接后的高温母材，请勿放在可燃物附近；焊接场所请配置灭火器，以备不时之需。

3. 电源危害

严禁触摸设备内外输入回路的导电部分；确保自己和他人有对地绝缘物保护；勿将线缆缠绕在身上或身体其他部分；电源及设备的接地保护应作为常规检查项目由专人执行；只使用安全的具有接地保护的电源。

请确保设备充分接地；对设备进行维修保养前请关闭设备电源并拉掉总电源，作出清晰易懂的标志防止任何人重新合上电源并开机；如果需要开机状态检修，必须有第二人负责随时可以立即关闭电源，必须有警告标志隔离工作区。

4. 液压和气路系统

有经验的熟练人员才能被授权在液压和气动系统上工作；定期检查全部管道和接口有无泄漏及损伤，应立即修复。泄漏的油可能会导致事故及火灾；维修之前，整个系统必须减压。

5. 电磁场

电流会产生强磁场，可能会影响电子设备的功能。挂板告知戴心脏起搏器的人员禁止靠近作业区域。

6. 特殊危险

防止手、头发、衣服和工具靠近任何活动部件，如齿轮、滚轮、轴、轨道、矫直轮。

7. 吊运设备时只可采用安全的适合的装备进行，系紧吊运设备的所有吊链或吊带，尽可能的垂直拉起吊链或吊带。

8. 安装与运输安全：机器翻倒极易伤人，因此应将机器平稳放在平而牢固的地方；同时保证钢筋原材料、半成品、成品运输、吊装安全。

9. 防止火灾爆炸：对于防止火灾爆炸的危险有专门的安全规则，学习相关的各项法规与守则并遵照执行。经常检查工作环境及周围是否清洁整齐；只能按设备铭牌上标记的等级在相应范围内安装使用；运输前，完全清空冷却液体以及液压油等。

10. 设备检修：其他厂家提供的零备件无法保障设计及制造的性能和安全要求。未得到设备制造方许可勿对设备进行改装，增装或更改任何部件状态不良时应立即更换；购零备件时请查所附的设备零备件表，提供相应的型号。

11. 安全检查：所有者或使用者至少每一个月应进行一次设备安全检查。以下情况要求由经过培训符合资格的人员进行安全检查：任何零部件更换后，特殊部件的改装、增装或更改后，维修维护后。

（二）自动钢筋网片生产线安全注意事项

1. 防止触电

操作员必须严格遵守本说明书中所讲的操作规范；保证焊机可靠接地；要经常检查初级绕组和次级电缆线绝缘层是否完好；在调节焊接变压器时，一定要先切断焊接电源；在修理焊机、检查焊机线路故障、更换电器组件时，要切断电源；在焊机工作期间，应将控制箱门关闭，防止意外触电。

2. 防止烧伤：在电阻焊时，产生的辐射热要比闪光焊和通常的手工电弧焊时少得多，一般不需要特殊防护。但是如果焊件表面很脏或有锈、有油污，焊接规范选择不当（如焊接电流很大，电极压力不足）或者电极压力和接通焊接电流的时间配合不当（预压时间不足，电极压力尚未加上去而焊接电流就接通了）等原因，都可能引起强烈飞溅，可能烧伤焊工。

为了防止烧伤，除了应该正确地选择焊接规范之外，焊前应对焊件表面进行清理除锈（应尽量选择符合要求的钢筋）。焊机操作者要戴好手套，穿好工作服，同时佩戴防护眼镜，以便观察和操作。

3. 防止粉尘和空气污染

在点焊普通低碳钢丝时，产生的粉尘和空气污染是不大的。但是，在点焊某些有色金属和镀锌钢丝时，在焊接过程中，会有铅、锌等有害物质放出，为避免工作场所空气混浊和污染，工作场地要通风或加抽风装置。

4. 防止机械碰伤

为防止机械碰伤，在焊机检修、调试或更换电极时，必须切断焊机电源。

5. 安全操作规范涉及以下人员：设备安装人员、设备操作人员、设备管理人员、设备维护人员。

（1）为保证有关人员的人身安全和设备的正确使用，必须严格遵守说明书中的安全事项和操作规范。

（2）在安装、使用或维护设备之前务必阅读操作说明书。

（3）不熟练的操作人员使用设备容易引起事故，造成人员或机器损伤。在使用该设备之前，有关人员必须接受培训。

（4）工作人员必佩戴安全帽。

（5）严格禁止超负荷使用设备，尤其禁止加工超过设备允许范围的钢筋直径、数量和种类，否则将会降低设备使用寿命，对设备造成损坏，甚至会影响人身安全。

（6）出现任何紧急情况请按下或踏下急停按钮（在操作面板上）马上停止设备工作。即使没有专门的要求，当进行设备维护、更换零件、维修、清洁、润滑、调整等操作时，都必须切断主电源。

主要术语说明如下：

1）"切断主电源"是指：①电器断电"ON-OFF"到"OFF"；②把主开关旋转到"0"的位置，用钥匙锁上，并且妥善保管钥匙；③将配电盘上的开关断开。

2）断开气路系统：关掉总气阀，并且锁上，保管好钥匙。

3）放掉气路系统中的空气：拧开设备内部储气罐底部的放气阀，排掉气路中的残余空气。

4）挂起标志：在设备维护、维修、清洁，或者调整期间应在操作台上放置标志。

需要正常停止设备工作时，通过按动操作台上的"停机"按钮来完成。设备工作时禁止擅自断开供电开关，这样容易损害设备零件和计算机程序。

当供电总开关闭合时要将控制柜门锁上，防止有人意外触电，控制柜和操作台的钥匙要由专人保管。

如果检查设备的内部，在冷却之前，不要触摸电机或和其相连的部件，以防烫伤。不得向设备上喷水或其他液体。开机之前必须检查各安全装置是否处于正常状态。生产过程中，车间内所有人员头上都应该佩戴安全帽。

（三）自动数控弯筋机安全注意事项

1. 安装时必须保证机身安全接地，电源不允许直接接在按钮上。

2. 严禁对弯筋机超载使用，尤其是弯曲芯轴。

3. 不要加工超出设备工作范围的产品，否则会给操作者带来严重危险。机器即使处于自动工作状态，也须由一位经过培训的人来监管。机器中断使用时，机器负责人必须将所有钥匙保管好，以防他人动用。

4. 当进行机器维护、更换零件、维修、清洁、润滑、调整等操作时，必须切断主电源。主电源未切断时不要触碰牵引轮，即使已经停止工作。

5. 放线架停止转动时才能靠近。

6. 设备工作和维护时，无关人员不要靠近设备。设备工作时，不要穿行于放线架与主机之间，并严禁对设备进行调整。

7. 操作人员应穿戴合适的保护手套，穿上钢制护趾安全鞋。禁止穿戴宽松衣服或佩戴物品（手镯、项链等），否则会有卷进机器的危险。

8. 不要在设备附近跑动，不要在正对出钢筋侧站立。

9. 出现任何紧急情况请按下急停按钮。

10. 检查设备的内部，在冷却之前，不要触摸电机或和其相连的部件，以免烫伤。

11. 不得向设备上喷水或其他液体。

12. 定期对机身、电控柜及周边进行清洁和保养。

（四）自动数控调直机安全注意事项

1. 在使用设备之前请仔细阅读说明书。

2. 设备只能由经过专门培训、指定的操作人员操作。

3. 不要取下和挪动保护罩。

4. 不要擅自更改电器系统。

5. 控制系统部分的钥匙必须交由专门人员管理。

6. 保持设备（尤其是控制系统和传动机构）的清洁有效。

7. 采用通常的保护措施：个人防护用品，头盔、手套、工作鞋、头套等。

8. 设备上的警告和危险标志不得拆掉，如果损坏请更换同样的标志。

9. 设备工作时严禁超载。必须定期对设备进行保养与维护。

五、其他设备

（一）氧气、乙炔气割安全操作注意事项

1. 检验

（1）检查设备、安全附件（减压器、回火防止器）及管路是否漏气时，周围不准有明火，禁止抽烟。严禁用火试验漏气。焊接场地应备有相应的消防器材。

（2）所用橡胶软管须经过压力试验方可使用。氧气软管试验压力为 2.0MPa，乙炔软管试验压力为 0.5MPa。不得使用变质、老化、脆裂、漏气的胶管。氧气软管为红色，乙炔软管为黑色，与割炬连接时不可乱接。

（3）压力表必须经过鉴定后方可使用，并每半年进行一次鉴定。

2. 放置

（1）气瓶禁止敲击、碰撞，要轻拿轻放。乙炔瓶应直立放置。氧气瓶与乙炔气瓶间距不应小于 5m，二者与动火作业地点不应小于 10m，并不得在烈日下暴晒。

（2）氧气瓶应与其他易燃物品分开保存，严禁与乙炔瓶混装运输。

3. 作业

（1）射吸式割炬点火时，应先微微开启割炬上的氧气阀，再开启乙炔阀，然后送到火源上点燃。调节两把手阀门来控制火焰。

（2）在使用过程中，乙炔软管着火时，先熄灭割炬上的火焰，然后停气。当氧气软管着火时，应迅速关闭氧气瓶阀门。

（3）禁止将软管放在高温管道和电线之上，不得将软管与电焊线放置在一起。软管经过车道时应采取保护措施，防止碾压。

（4）暂停作业时，必须闭紧割炬阀门。长时间停止作业时，须熄灭焊炬，关闭气瓶阀门，放出管中余气。

（5）工作完毕或离开工作现场、要拧上瓶的安全帽，把气瓶放在指定地点。

（二）电焊安全注意事项

1. 金属电焊作业人员必须经专业安全技术培训，考试合格方准上岗独立操作。非电焊工严禁进行电焊作业。

2. 操作时应穿电焊工作服，绝缘鞋和戴电焊手套、防护面罩等安全防护用品，高处作业时系好安全带。

3. 电焊作业现场周围 10m 范围内不得堆放易燃易爆物品。

4. 操作前应首先检查焊机和工具，如焊钳和焊接电缆的绝缘、焊机外壳保护接地和焊机的各接线点等，确认安全合格后方可以作业。

5. 严禁在易燃易爆气体或者液体扩散区域内、运行中的压力管道和装有易燃易爆物品的容器内以及受力构件上焊接和切割。

6. 焊接时临时接地线头严禁浮搭，必须固定、压紧，用胶布包严。

7. 清除焊渣时应佩戴防护眼镜或面罩。焊条头应集中堆放。

8. 电焊机使用前必须检查绝缘及接线情况，接线部分必须使用绝缘胶布缠严，不得腐蚀、受潮及松动。

9. 电焊机内部应保持清洁，定期吹净尘土。清扫时必须切断电源。

10. 电焊机启动后，必须空载一段时间。调节焊接电流及极性开关应在空载下进行，直流焊机空载电压不得超过 90V，交流焊机空载电压不得超过 80V。

（三）锅炉使用安全注意事项

1. 蒸汽锅炉出厂时应当附有"安全技术规范要求的设计文件、产品质量合格证明、安全及使用维修说明、监督检验证明（安全性能监督检验证书）"。

2. 蒸汽锅炉的安装、维修、改造。从事锅炉的安装、维修、改造的单位应当取得省级质量技术监督局颁发的特种设备安装维修资格证书，方可从事蒸汽锅炉的安装、维修、改造。施工单位在施工前将拟进行安装、维修、改造情况书面告知特种设备安全监督管理部门，并将开工告知送当地质量技术监督部门备案，告知后即可施工。

3. 蒸汽锅炉安装、维修、改造的验收。施工完毕后施工单位要向质量技术监督局、特种设备检验所申报蒸汽锅炉的水压试验和安装监检。合格后报质量技术监督部门、特种设备检验所参与整体验收。

4. 蒸汽锅炉的注册登记。蒸汽锅炉验收后，使用单位必须按照《特种设备注册登记与使用管理规则》的规定，填写《锅炉（普查）注册登记表》，到质量技术监督局注册，并申领《特种设备安全使用登记证》。

5. 司炉人员上岗必须要具有司炉人员上岗证，值班时必须严格遵守劳动纪律，不得擅离职守，不得做与本单位无关的事情。在操作过程中，严格执行《操作规程》不得违章操作，并严禁酒后和带病上班。

6. 锅炉运行时，应密切注视水位和压力变化，做到"燃烧稳定、水位稳定、气压稳定"。严禁发生缺水、满水事故和超压运行。一旦发现锅炉严重缺水时，严禁向锅炉进水。

7. 定期冲洗水位表和压力表，保持其光洁明亮，便于观察。高低水位自动控制，超压连锁保护装置及其报警装置，必须随时处于灵敏可靠状态，发现问题应及时修复。

8. 安全阀要定期做手动试验（每月一次，于每月最后一个白班进行，操作时应轻拉轻放手柄）和汽动试验（每季度最后一个白班进行），以保持其灵敏可靠。

9. 认真执行排污制度和操作要求，每次排污量以降低水位 25～30mm 为宜，应在高气压低负荷进行。

10. 值班人员应在锅炉内进行巡回检查，以便及时掌握锅炉本体安全附件和各附属设备（如煤气、水泵、电机、阀门等）的运行情况，一旦发现不能向锅炉给水或其他危及锅炉安全运行的情况时，应立即停止运行。

11. 经常与水质化验人员取得联系，掌握水质情况，严格执行国家工业水质标准，加强水质管理，避免锅筒内壁生水垢和腐蚀。

12. 精心操作，除值班司炉人员外，其他任何人不得乱动控制台的按、旋钮和锅炉内的阀门、仪表灯，认真填写锅炉运行记录，如图 7-19、图 7-20 所示。

（四）蒸汽使用安全注意事项

1. 在打开进口阀门之前，检查是否打开排气阀，防止造成热膨胀超压、管道破裂和人员伤害。

2. 使用蒸汽结束后，一定要充入气体，排出里面蒸汽，不得关闭所有阀门，以避免蒸汽冷凝形成真空导致管道塌陷损坏。

3. 通蒸汽时，要把排水阀和放气阀都打开，以便加速排气。充入蒸汽过程要连续缓慢低速，直到所有的空气排出干净，暖管结束。如果环境温度低，阀门要保持开启的状态，防止形成流体锤，对管线阀门造成破坏。

4. 为防止高温烫伤，严禁触摸没有做保温层的蒸汽管线。排放阀或放空阀前严禁站人。

图 7-19　燃气锅炉

图 7-20　锅炉分汽包

5. 在运行中要定期对高压蒸汽管道、保温层以及管道的支吊架进行巡视检查，发现异常情况时，要及时查明原因，采取措施消除缺陷，以防止蒸汽泄漏事故。

6. 操作蒸汽阀门时，应按要求穿戴好个人防护用品，站在蒸汽阀门的侧面进行操作。

7. 对于室外蒸汽管道，冬季停止运行后要及时放掉疏水，防止冻坏管道及阀门。

下篇　装配整体式混凝土结构现场施工管理

第八章　装配整体式混凝土结构现场施工管理

第一节　施工技术准备

装配式建筑工程从施工蓝图变成一个个工程实体，在工程施工组织与准备工作中，首先要使参与施工活动的每一个技术人员及操作人员，明确本工程特定的施工条件、施工组织、具体技术要求和有针对性的关键技术措施，系统掌握工程施工过程全貌和施工的关键部位和关键工序，使工程施工质量达到国家施工验收规范的要求。装配式建筑施工现场准备工作包括施工技术准备和现场材料、设备等准备工作，本节重点对施工技术准备进行介绍。

一、专项方案

（一）专项施工方案范围

1. 塔式起重机械设备安装、使用、拆卸；

2. 支撑架及脚手架；

3. 预制构件吊装方案；

4. 预制构件接缝防水；

5. 套筒灌浆作业；

6. 采用新技术、新工艺、新材料、新设备及尚无相关技术标准的危险性较大的分部分项工程。

（二）需专家论证的专项施工方案范围

1. 起重吊装及安装拆卸工程

（1）采用非常规起重设备、方法，且单件起吊重量在100kN及以上的起重吊装工程。

（2）起重量300kN及以上的起重设备安装工程，高度200m及以上内爬起重设备的拆除工程。

2. 支撑架及脚手架

3. 采用新技术、新工艺、新材料、新设备及尚无相关技术标准的危险性较大的分部分项工程。

（三）专项施工方案编审要求

1. 施工单位应当在危险性较大的分部分项工程施工前编制专项施工方案，对于超过一定规模的危险性较大的分部分项工程，施工单位应当组织专家对专项施工方案进行论证。

2. 建筑工程实行施工总承包的，专项施工方案应当由施工总承包单位组织编制。其中，起重机械安装拆卸工程等专业工程实行分包的，其专项施工方案可由专业承包单位组织编制。

110

3. 施工单位应当根据现行国家相关标准规范，由项目技术负责人组织相关专业技术人员结合工程实际编制专项施工方案。

4. 专项施工方案应当由施工单位技术部门组织本单位施工技术、安全、质量部门的专业技术人员进行审核。经审核合格的，由施工单位技术负责人签字。实行施工总承包的，专项施工方案应当由总承包单位技术负责人及相关专业承包单位技术负责人签字。经审核合格后报监理单位，由项目总监理工程师审查签字。

5. 超过一定规模的危险性较大分部分项工程专项施工方案，应当由施工单位组织专家组对已编制的专项施工方案进行论证审查。专家组应当对论证的内容提出明确的意见，形成论证报告，并在论证报告上签字。

6. 施工单位应根据论证报告修改完善专项施工方案，经施工单位技术负责人、项目总监理工程师、建设单位项目负责人签字后，方可组织实施。

7. 施工单位应当严格按照专项施工方案组织施工，不得擅自修改、调整专项施工方案。如因设计、结构、外部环境等因素发生变化确需修改的，修改后的专项施工方案应当重新履行审核批准手续。对于超过一定规模的危险性较大工程的专项施工方案，施工单位应当重新组织专家进行论证。

8. 对于按规定需要验收的危险性较大的分部分项工程，施工单位、监理单位应当组织有关人员进行验收。验收合格的，经施工单位项目技术负责人及项目总监理工程师签字后，方可进入下一道工序。

（四）专项施工方案编制基本内容

1. 工程概况：危险性较大的分部分项工程概况、施工平面布置、施工要求和技术保证条件。

2. 编制依据：相关法律、法规、规范性文件、标准、规范及图纸（国标图集）、施工组织设计等。

3. 施工计划：包括施工进度计划、材料与设备计划。

4. 施工工艺技术：技术参数、工艺流程、施工方法、检查验收等。

5. 施工安全保证措施：组织保障、技术措施、应急预案、监测监控等。

6. 劳动力计划：专职安全生产管理人员、特种作业人员等。

7. 计算书及相关图纸。

（五）装配式结构工程常见专项施工方案的内容

1. 起重设备安装、使用、拆卸方案

起重设备安装、拆卸专项方案编制时，应包含安装拆卸施工的作业环境、安装条件、安装拆卸作业前交底、检查和拆装制度、安装工艺流程及施工要点、升降及锚固作业工艺、安装后的检验内容和试验方法、拆卸工艺流程及拆卸要点、相关安全措施、群吊作业防碰撞措施、安装、拆卸安全注意事项、拆装人员的组织分工及证件等内容。

2. 起重吊装方案

起重吊装专项施工方案编制应包含现场环境、施工工艺、起重机械的选型依据、起重臂的设计计算、钢丝绳及索具的设计选用、地面承载力及道路的要求、预制构件堆放布置图、吊装安全防护措施等内容。

3. 支撑架及脚手架

支撑架及脚手架方案应包括编制依据、现场环境、脚手架选定及范围、脚手架材料要求、脚手架搭设流程及要求、脚手架的劳动力安排、脚手架的检查与验收、脚手架搭设安全技术措施、脚手架拆除安全技术措施等内容。

4. 预制构件吊装方案

预制构件吊装方案应包含现场作业环境、施工工艺、施工物资设备准备、施工顺序、施工方案、施工质量保证措施及安全施工管理、施工要点、吊装工程安全保证措施及应急预案等内容。

5. 预制构件接缝防水

预制构件接缝防水现场环境、施工工艺、施工方案、施工质量保证措施、防水材料要求、施工要点等内容。

6. 套筒灌浆作业

套筒灌浆作业施工方案应包括现场作业环境、施工组织机构及施工人员配置、施工准备、材料搅拌要求、质量保证措施、灌浆机的安全使用、现场安全文明施工等内容。

二、技术交底

技术交底是一项极为重要的技术工作，其目的是使参与装配式建筑工程施工的技术人员与工人熟悉和了解所承担的工程项目的特点、设计意图、技术要求、施工工艺及应注意的问题。

（一）技术交底的任务与目的

对于参与工程施工操作的每一个工人来说，通过技术交底，了解自己所要完成的分部分项工程的具体工作内容、操作方法、施工工艺、质量标准和安全注意事项等，做到施工操作人员任务明确、心中有数；各工种之间配合协作和工序交接井井有条，有序施工，达到减少各种质量通病，提高施工质量的目的。因此，在装配式建筑工程施工过程中应针对不同层次的施工人员，进行不同内容重点和技术深度的技术交底。

（二）建筑工程施工技术交底的要求和内容

1. 施工技术交底的要求

（1）工程施工技术交底必须符合建筑工程施工及验收规范、技术操作规程（分项工程工艺标准）、质量检验评定标准的相应规定。同时，也应符合本行业制定的有关规定、准则以及所在省（区）市地方性的具体政策和法规的要求。

（2）工程施工技术交底必须执行国家各项技术标准，包括计量单位和名称。施工企业如拥有自己的企业标准，在技术交底时应认真贯彻实施。

（3）技术交底还应符合设计施工图中的各项技术要求，特别是当设计图纸中的技术要求和技术标准高于国家施工及验收规范时，更应作详细的交底和说明。

（4）技术交底应符合和体现上一级技术交底中的意图和具体要求。

（5）技术交底应符合施工组织设计或施工方案的各项要求，包括技术措施和施工进度等要求。

（6）对不同层次的施工人员，其技术交底深度与详细程度不同，应针对不同人员作针对性技术交底。技术交底应全面、明确，并突出要点。应详细说明怎么做，执行什么标准，其技术要求如何，施工工艺与质量标准和安全注意事项等分项应具体说明，不能含糊其辞。

（7）施工过程中采用的新技术、新工艺、新材料，应进行详细交底。

2. 施工技术交底包括的内容

1）施工单位总工程师向项目技术负责人或项目负责人进行技术交底的内容应包括工程概况和各项技术经济指标和要求、关键施工技术及施工方法、新技术新工艺新材料的施工、进度计划、资源配置、施工机械、劳动力安排与组织、安全防护与环境保护、绿色施工等主要方面。

2）项目技术负责人应结合工程项目实际情况，重点向单位工程负责人、质量检查员、安全员进行技术交底。技术交底除应包含工程概况、技术经济指标、施工进度、资源配置、环境保护等内容外，应重点偏重怎样将理论转变实践的实施措施，如施工方案的具体要求及实施步骤与方法、施工中具体做法、采用什么工艺标准和本企业哪几项工法；关键部位及实施过程中可能遇到问题与解决办法、施工进度要求、工序搭接、施工部署与施工班组任务确定、施工质量标准和安全技术具体措施及注意事项等。

3）单位工程负责人或技术主管工程师向各作业班组长和各工种工人进行的技术交底应侧重交清每一个作业班组负责施工的分部分项工程的具体技术要求和采用的施工工艺标准或企业工法、各分部分项工程施工质量标准、质量通病预防措施及其注意事项、施工安全交底及介绍以往同类工程的安全事故教训及应采取的具体安全对策等。班组技术交底的主要内容有：分部、分项工程的施工方法及注意事项；危险源辨识方法及应急预案；关键构件的吊装作业；流水和交叉作业施工阶段划分；套筒灌浆作业方法；焊接程序和工艺等。

（三）装配式建筑施工技术交底注意事项

1. 装配式建筑的施工技术交底应侧重与传统现浇结构施工的不同，特别是对一些特殊的关键部位、技术施工难度大预制构件，更应认真做技术交底。

2. 装配式建筑结构施工过程中，对塔吊等起重设备的要求较高，应重点对起重设备的选型、吊运、施工、起重量、起重半径、吊点、吊具等进行技术交底。

3. 装配式建筑的连接形式通常采用半灌浆或全灌浆套筒灌浆等连接方式，灌浆施工作业质量将直接影响到整个装配式建筑的施工质量，因此应针对灌浆作业环境及操作要求单独进行技术交底。

4. 对于下层插筋位置和灌浆套筒位置的连接精度单独进行技术交底。

5. 对叠合受弯构件（叠合梁、叠合板）与搁置点的安装精度及板缝之间的处理重点进行技术交底。

6. 技术交底必须以书面形式，交底内容字迹要清楚、完整，并应有交底人、接受人签字。

7. 技术交底必须在工程施工前进行，作为整个工程和分部分项工程施工前准备工作的一部分。

第二节　施工现场材料布置

装配式建筑施工，构件堆场在施工现场占有较大的面积，预制构件型号繁多，合理有序的对预制构件进行分类堆放，对于减少使用施工现场面积，加强预制构件成品保护，保证构件装配作业，提高工程作业进度，构建文明施工现场，具有重要意义。

预制构件现场堆放

（一）构件堆场构件布置原则

1. 构件堆放场地应满足平整度和地基承载力的要求，且应设置在起重设备的有效起重范围内。

2. 预制构件应按规格型号、出厂日期、使用部位、吊装顺序分类存放，且应标识清晰。不同类型构件之间应留有不少于 0.7m 的人行通道。

3. 预制混凝土构件与刚性搁置点之间应设置柔性垫片，预埋吊环宜向上，标识向外。

4. 预制构件应采取合理的防潮、防雨、防边角损伤措施，构件与构件之间应采用垫木支撑。

（二）混凝土预制构件堆放

构件堆放时，应根据不同构件的受力特点，合理地采取构件堆放方式。通常情况下，梁、柱等细长构件宜水平堆放，且不少于两条垫木支撑；墙板宜采用托架立放，上部两点支撑；楼板、楼梯、阳台板等构件宜水平叠放，叠放层数应根据构件与垫木或垫块的承载力及堆垛的稳定性确定，必要时应设置防止构件倾覆的支架，一般情况下，叠放层数不宜超过 5 层。

1. 预制墙板

预制墙板根据其受力特点和构件特点，宜采用专用支架对称插放或靠放存放，支架应有足够的刚度，并支垫稳固。预制外墙板宜对称靠放、饰面朝外，且与地面倾斜角不宜小于 80°，构件与刚性搁置点之间应设置柔性垫片，防止损伤成品构件，如图 8-1、图 8-2 所示。

图 8-1　预制墙板插放示意

图 8-2　预制墙板对称靠放示意

2. 预制板类构件

预制板类构件可采用叠放方式存放，其叠放高度应按构件强度、地面耐压力、垫木强度以及垛堆的稳定而确定，构件层与层之间应垫平、垫实，各层支垫应上下对齐，最下面一层支垫应通长设置，如图 8-3、图 8-4 所示。一般情况下，叠放层数不宜大于 5 层，吊环向上，标志向外，混凝土养护期未满的应继续洒水养护。

3. 梁、柱细长异型构件

梁、柱等细长构件宜水平堆放，预埋吊装孔的表面朝上，且采用不少于两条垫木支撑，构件底层支垫高度不低于 100mm，且应采取有效的防护措施，如图 8-5 所示。

图 8-3　预制楼板叠放示意　　　　　　　　图 8-4　预制楼梯叠放示意

（三）施工现场其他材料、半成品布置

1. 施工现场材料、半成品的堆放应根据施工现场与进度的变化及时进行调整，并且保持道路畅通，不能因材料的堆放而影响施工的通道。对易燃材料、半成品应布置在在建房屋的下风向，并且要保持一定的安全距离；怕日晒雨淋、怕潮湿的材料，应放入库房，并注意通风。

(a)　　　　　　　　　　　　(b)

图 8-5　梁、柱细长异型构件现场堆放示意
（a）梁现场堆放图；（b）柱现场堆放图

2. 施工现场材料、半成品的堆放要结合各个不同的施工阶段，在同一地点要堆放不同阶段使用的材料，以充分利用施工场地。

3. 施工现场材料、半成品的堆放应灵活布置，在保证场内交通运输畅通和满足施工用材料和半成品堆放要求的前提下，尽量减少场内二次搬运。

4. 钢筋加工场地、材料堆场、大型模板加工场地的布置，均应布置在塔吊吊臂作业覆盖范围内。

5. 施工现场模板、钢管等周转性材料要分类型、分规格码放整齐，专材专用。

6. 套筒、灌浆料等建筑材料应严格仓库管理，材料调拨应派专人丈量、点数、登记，做到准确无误。

第三节　施工现场预制构件进场验收

在装配式建筑工程中，构件质量是否符合图纸设计和国家标准规范，对工程质量至关重要。建筑构件是组成建筑工程的骨骼，不合格的建筑构件使用到装配式建筑工程中，将会给建筑物带来安全隐患，不仅影响构筑物的正常使用，严重时直接危及消费者的生命和财产安全。因此，严格把控预制构件的进场验收制度，对保证工程质量具有重要意义。

预制构件进场时，建设、监理单位应组织施工单位共同对预制构件及其构配件外观质量、尺寸和相关资料进行检查验收。

一、预制构件资料检验

（一）预制构件隐蔽工程质量验收表；

（二）预制构件出厂质量验收表；

（三）钢筋进场复验报告；

（四）混凝土留样检验报告；

（五）保温材料、拉结件、套筒等主要材料进场复验报告；

（六）产品合格证；

（七）产品说明书；

（八）其他相关的质量证明文件等资料。

二、外观质量及尺寸检验

预制构件进场时，应对构件的外观质量进行全数检查。预制构件的外观不应有严重缺陷，且不应有影响结构性能和安装、使用功能的尺寸偏差，不宜有一般缺陷。对已出现的一般缺陷，应按技术方案进行处理，并应重新检验。预制构件尺寸偏差应符合本书表6-13的规定。

三、预制构件尺寸检验

预制构件进场时，应对构件的外观尺寸及预埋件位置进行检查。同一类型的构件，不超过100个为一批，每批抽查构件数量的5%，且不应少于3个。预制构件尺寸偏差、预埋件允许偏差及检验方法应符合本书表6-12的规定。

四、装饰类构件

带外装饰面的预制构件宜采用水平浇筑一次成型反打工艺，外装饰面砖的图案、分格、色彩、尺寸应符合设计要求，面砖敷设后表面应平整，接缝应顺直，接缝的宽度和深度应符合设计要求及本书表6-13的要求。

第四节　安　全　生　产

安全生产管理是一个系统性、综合性的管理，其管理的内容涉及建筑生产的各个环节。因此，建筑施工企业在安全管理中必须坚持"安全第一，预防为主，综合治理"的安全方针。制定安全政策、计划和措施，完善安全生产组织管理体系和检查体系，加强施工安全管理。

一、施工现场安全组织架构

一项安全政策的实施，有赖于一个恰当的组织结构和系统去贯彻落实。仅有一项政策，没有相应的组织去贯彻、落实，政策仅是一纸空文。建立施工现场安全组织结构和系统，是确保装配式建筑施工安全生产顺利开展的前提。

工程项目部是施工第一线的管理机构，必须依据工程特点，建立以项目经理为首的安全生产领导小组，小组成员由项目经理、项目副经理、项目技术负责人、专职安全员、施工员及各工种班组的领班组成。工程项目部应根据工程规模大小，配备专职安全员。建立安全生产领导小组成员轮流值日制度，解决和处理施工生产中的安全问题并进行巡回安全生产监督检查。建立每周一次的安全例会制度和每日班前安全讲话制度，项目经理应亲自主持定期的安全例会，督促检查班前安全活动的讲话记录。

二、岗位职责

安全生产责任制是最基本的安全管理制度，是所有安全生产管理制度的核心。安全生产责任制是按照安全生产管理方针和"管生产的同时必须管安全"的原则，将各级负责人员、各职能部门及其工作人员和各岗位生产工人在安全生产方面应做的事情及应负的责任加以明确规定的一种制度。具体而言，就是讲安全生产责任分解到相关单位的主要负责任人、项目负责人、专职安全员、班组长及每个岗位的作业人员身上。

（一）施工单位主要负责人

施工单位主要负责人依法对本单位的安全生产工作全面负责。施工单位应当建立健全安全生产责任制度和安全生产教育培训制度，制定安全生产规章制度和操作规程，保证本单位安全生产条件所需资金的投入，对所承担的建设工程进行定期和专项安全检查，并做好安全检查记录。

（二）施工单位的项目负责人

施工单位的项目负责人，即项目经理，应当由取得相应执业资格的人员担任，对建设工程项目的安全施工负责，落实安全生产责任制度、安全生产规章制度和操作规程，确保安全生产费用的有效使用，并根据工程的特点组织制定安全施工措施，消除安全事故隐患，及时如实报告生产安全事故。

（三）专职安全员

专职安全生产管理人员负责对安全生产进行现场监督检查。发现安全事故隐患，应当及时向项目负责人和安全生产管理机构报告；对违章指挥、违章操作的，应当立即制止。

（四）现场作业人员

施工作业人员进入新的岗位或者新的施工现场前，应当接受安全生产教育培训。未经教育培训或者教育培训考核不合格的人员，不得上岗作业。当工程采用新技术、新工艺、新设备、新材料时，作业人员也应当进行相应的安全生产教育培训。

现场作业人员进入施工现场应当遵守安全施工的强制性标准、规章制度和操作规程，正确使用安全防护用具、机械设备等。在施工作业前，应正确佩戴安全防护用具和安全防护服装，正确使用和妥善保管各种防护用品和消防器材，并应正确学习危险岗位的操作规程和熟知违章操作的危害。

施工作业人员应集中精力搞好安全生产，平稳操作，严格遵守劳动纪律和工作流程，认真做好各种记录，不得串岗、脱岗，严禁在岗位上睡觉、打闹和做其他违反纪律的事情，严禁作业人员酒后进入施工现场。

施工作业人员有权对施工现场的作业条件、作业程序和作业方式中存在的安全问题提出批评、检举和控告，有权拒绝违章指挥和强令冒险作业。在施工中发生危及人身安全的紧急情况时，作业人员有权立即停止作业或者在采取必要的应急措施后撤离危险区域。

施工作业人员应每年至少进行一次安全生产教育培训，其教育培训情况记入个人工作档案。

三、建筑施工安全检查

（一）建筑工程施工安全检查的主要内容

建筑工程施工安全检查主要是以查安全思想、查安全责任、查安全制度、查安全措施、查安全防护、查设备设施、查教育培训、查操作行为、查劳动防护用品使用和查伤亡事故处理等为主要内容。

（二）建筑工程施工安全检查的主要形式

建筑工程施工安全检查的主要形式一般可分为日常巡查、专项检查、定期安全检查、经常性安全检查、季节性安全检查、节假日安全检查、开工、复工安全检查、专业性安全检查和设备设施安全验收检查等。

（三）安全检查的要求

1. 根据检查内容配备力量，抽调专业人员，确定检查负责人，明确分工。

2. 应有明确的检查目的和检查项目、内容及检查标准、重点、关键部位。对大面积或数量多的项目采取观感检查和实体测量相结合的方法。检查时尽量采用检测工具，用数据说话。

3. 对现场管理人员和操作工人不仅要检查是否有违章指挥和违章作业行为，还应进行应知应会的抽查，以便了解管理人员及操作工人的安全素质。对于违章指挥、违章作业行为，检查人员应当场指出、进行纠正。

四、装配式建筑施工现场危险源辨识

（一）常见安全事故类型

建筑工程最常发生的事故，按事故类别分，可以分为14类，即物体打击、车辆伤害、机械伤害、起重伤害、触电、灼烫、火灾、高处坠落、坍塌、透水、爆炸、中毒、窒息、其他伤害。在装配式建筑工程施工过程中，高处坠落、物体打击、机械伤害、触电、构件倾覆为常见的五种事故类型。

施工现场安全事故的防范，首先应从现场施工危险源开始抓起。

（二）两类危险源

危险源是指可能导致人员伤害或疾病、物质财产损失、工作环境破坏的情况或这些情况组合的根源或状态的因素。危险因素与危害因素同属于危险源。

根据危险源在安全事故发生发展过程中的机理，一般把危险源划分为两大类，即第一类危险源和第二类危险源。

1. 第一类危险源：能量和危险物质的存在是危害产生的最根本原因，通常把可能发生意外释放的能量或危害物质称作第一类危险源。此类危险源是事故发生的物理本质，一般来说，系统具有的能量越大，存在的危险物质越多，则其潜在的危险性和危害性也就越大。

2. 第二类危险源：造成约束、限制能量和危险物质措施失控的各种不安全因素称为第二类危险源。该类危险源主要体现在设备故障或缺陷、人为失误和管理缺陷等几个方面。

3. 危险源与事故：事故的发生是两类危险源共同作用的结果。第一类危险源是事故发生的前提，第二类危险源的出现是第一类危险源导致事故的必要条件。

（三）危险源辨识

危险源辨识是安全事故防范的基础工作，主要目的就是从组织的活动中识别出可能造成人员伤害或疾病、财产损失、环境破坏的危险或危害因素，并判定其可能导致的事故类别和导致事故发生的直接原因的过程。

1. 危险源的类型：为做好危险源的辨识工作，可以把危险源按工作活动的专业进行分类，如机械类、电器类、辐射类、物质类、高坠类、火灾类和爆炸类等。

2. 施工现场常见危险源

（1）在平地上滑倒（跌倒）；

（2）人员从高处坠落（包括从地平处坠入深坑）；

（3）工具、材料等从高处坠落；

（4）头顶以上空间不足；

（5）用手举起搬运工具、材料等有关的危险源；

（6）与装配、试车、操作、维护、改造、修理和拆除等有关的装置、机械的危险源；

（7）车辆危险源，包括场地运输和公路运输；

（8）火灾和爆炸；

（9）邻近高压线路和起重设备伸出界外；

（10）可伤害眼睛的物质或试剂；

（11）不适的热环境（如过热等）；

（12）照度；

（13）易滑、不平坦的场地（地面）；

（14）不合适的楼梯护栏和扶手。

五、装配式建筑施工重点安全注意事项

（一）预防高处坠落的安全要求

高处作业是指人在一定位置为基准的高处进行的作业。现行国家标准《高处作业分级》GB/T 3608 规定："凡在坠落高度基准面 2m 以上（含 2m）有可能坠落的高处进行作业，都称为高处作业。"如图 8-6 所示。

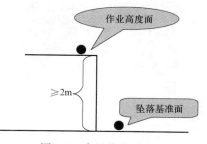

图 8-6　高处作业示意

1. 现场施工人员在作业前必须认真进行安全分析，并认真学习相关作业安全技术交底。

2. 对患有职业禁忌症和年老体弱、疲劳过度、视力不佳人员等，不准进行高处作业，攀登和悬空高处作业人员以及搭设高处作业安全设施的人员，必须经过专业技术培训及专业考试合格，持证上岗，并必须定期进行健康检查。

图 8-7 预制构件高处作业安全防护

3. 作业人员必须正确穿戴劳动保护用品，正确使用防坠落用品与登高器具、设备，如图 8-7 所示。

4. 作业人员应从规定的通道上下，不得在非规定的通道进行攀登，也不得任意利用吊车臂架等施工设备进行攀登。

5. 用于高处作业的防护措施，不得擅自拆除。不符合安全要求的材料、器具、设备不得使用。

6. 高处作业人员施工所需的工具、材料、零件等必须装入工具袋，上下时手中不得持物，严禁高空投掷工具、材料及其他物品。

7. 高空临边作业人员必须正确使用安全防护措施，正确佩戴安全带，安全带应与防护架受力结构或建筑结构相连接。

8. 严禁施工操作人员在临边无防护或无其他安全措施的情况下，沿叠合梁行走。

（二）临时用电安全技术要求

1. 施工现场临时用电按照《施工现场临时用电安全技术规范》JGJ 46—2005 标准执行。

2. 施工临时用电必须采用 TN-S 系统，符合"三级配电、两级保护"，达到"一机、一闸、一漏、一箱"要求，如图 8-8 所示。

二级配电箱（1）

二级配电箱（2）

总配电柜

开关箱

电焊机开关箱

图 8-8 施工现场三级配电箱示意

（三）三级配电系统应遵守四项基本原则：即分级分路原则，动照分设原则，压缩配电间距原则，环境安全原则。

1. 分级分路

（1）从一级总配电箱（配电柜）向二级分配电箱配电可以分路，即一个总配电箱（配电柜）可以分若干分路向若干分配电箱配电。

（2）从二级分配电箱向三级开关箱配电同样可以分路，即一个分配电箱可以分若干支路向若干开关箱配电。

（3）从三级开关箱向用电设备配电实行"一机一闸"制，不存在分路问题，即每一开关箱只能连接控制一台与其相关的用电设备（含插座）。

按照分级分路原则的要求，在三级配电系统中，任何用电设备都不得越级配电，总配电箱和分配电箱不得挂接其他任何设备。

2. 动照分设

动力配电箱与照明分配电箱宜分别设置。当动力和照明合并设置于同一配电箱时，动力和照明应分路配电，动力和照明开关箱必须分别设置。

3. 压缩配电间距

压缩配电间距原则是指各配电箱、开关箱之间的距离应尽量缩短。总配电箱应设在靠近电源的区域，分配电箱应设在用电设备或负荷相对集中的区域，分配电箱与开关箱的距离不得超过30m，开关箱与其控制的固定式用电设备的水平距离不宜超过3m。

4. 安装、维修或拆除临时用电工程，必须由持证电工完成，无证人员禁止上岗。电工等级应同工程的难易程度和技术复杂性相适应。

5. 使用设备必须按规定穿戴和配备好相应的劳动保护用品，并应检查电气装置和保护设施是否完好，严禁设备带病运转和进行运转中维修。

6. 停用的设备必须拉闸断电，锁好开关箱。负载线、保护零线和开关箱发现问题应及时报告解决。搬迁或移动的用电设备，必须由专业电工切断电源并作妥善处。

7. 对配电箱、开关箱进行检查、维修时，必须将其前一级相应的电源开关分闸断电，并悬挂停电检修标志牌，严禁带电作业。

8. 移动的用电设备使用的电源线路，必须使用绝缘胶套管式电缆。

9. 用电设备和电气线路必须有保护接零。

10. 严禁施工现场非正式电工乱接用电线和安装用电开关。

11. 残缺绝缘盖的闸刀开关禁止使用，开关不得采用铜、铁、铝线作熔断保险丝。

六、预制构件堆放安全技术要求

（一）构件的吊运、堆放指挥人员应以色旗、手势、哨子等进行指挥。操作前应使全体人员统一熟悉指挥信号，指挥人应站在视线良好的位置上，但不得站在无护栏的墙头和吊物易碰触的位置上。

（二）操作人员必须戴安全帽，高处作业应配挂安全带或设安全护栏。工作前严禁饮酒，作业时严禁穿拖鞋、硬底鞋或易滑鞋操作。

（三）各种构件应按施工组织设计的规定分区堆放，各区之间保持一定距离。堆放地点的土质要坚实，不得堆放在松土和坑洼不平的地方，防止下沉或局部下沉，引起侧倾甚至构件倾覆。

（四）外墙板、内隔墙板应放置在金属插放架内，两侧用木楔楔紧。插放架的高度应为构件高度的2/3以上，上面要搭设300mm宽的走道和上下梯道，便于挂钩。

（五）插放架一般宜采用金属材料制作，使用前要认真检查和验收。内外墙板靠放时，下端必须压在与插放架相连的垫木上，只允许靠放同一规格型号的墙板，两面靠放应平衡，吊装时严禁从中间抽吊，防止倾倒。

（六）建筑物外围必须设置安全网或防护栏杆，操作人应避开构件吊运路线和构件悬空时的垂直下方，并不得用手抓住运行中的起重绳索和滑车。

（七）凡起重区均应按规定避开输电线路，或采取防护措施，并且应划出危险区域和设置警示标志，禁止无关人员停留和通行。交通要道应设专人警戒。

（八）构件卸载时应轻轻放落，垫平垫稳，方可除钩。

七、构件安装支撑安全技术要求

（一）独立钢支柱支撑系统

1. 独立钢支柱插管与套管的重叠长度不应小于280mm，独立钢支柱套管长度应大于独立钢支柱总长度的1/2以上。

2. 独立钢支撑应设置水平杆或三脚架等有效防倾覆措施。当采用水平杆作为防倾覆措施时，水平杆应采用不小于Φ32mm的普通焊接钢管按步纵横向通长满布贯通设置，水平杆不应少于两道，底层水平杆距地高度不应大于550mm；当采用三脚架作为防倾覆措施时，三脚架宜采用不小于Φ32mm的普通焊接钢管制作，支腿与底面的夹角宜为45°～60°，底面三角边长不应小于800mm，并应与独立钢支柱进行可靠连接。

3. 独立钢支撑的布置除应满足预制混凝土梁、板的受力设计要求，其楞梁宜垂直于叠合板桁架钢筋、叠合梁纵向布置，且独立钢支柱距结构外缘不宜大于500mm。

4. 应根据支撑构件上的设计荷载选择合理的独立钢支柱型号，并保证在支撑结构作业层上的施工荷载不得超过设计允许荷载。

5. 叠合梁应从跨中向两端、叠合板应从中央向四周对称分层浇筑，叠合板局部混凝土堆置高度不得超过楼板厚度100mm。叠合板、叠合梁后浇层施工过程中，应派专人观测独立钢支柱支撑系统的工作状态，发生异常时观测人员应及时报告施工负责人，情况紧急时应迅速撤离施工人员，并应进行相应加固处理。当遇到险情及其他特殊情况时，应立即停工和采取应急措施，待修复或险情排除后，方可继续施工。

6. 独立钢支撑拆除作业前，应对支撑结构的稳定性进行检查确认；独立钢支撑拆除前应经项目技术负责人同意方可拆除，拆除前混凝土强度应达到设计要求；当设计无要求时，混凝土强度应符合现行国家标准《混凝土结构工程施工质量验收规范》GB 50204的相关规定。

7. 独立钢支撑的拆除应符合现行国家相关标准的规定，一般应保持持续两层有支撑；当楼层结构不能满足承载要求时，严禁拆除下层支撑。

（二）临时斜支柱支撑系统

1. 预制竖向构件施工过程中应设置临时支撑，临时钢支柱斜支撑的固定方法如图8-9所示，上支撑杆倾角宜为45°～60°，下支撑杆倾角宜为30°～45°。

2. 临时钢支柱斜支撑搭设时，相邻两临时斜支撑宜平行并排搭设。

3. 预制柱竖向构件的支撑搭设宜多方向对称布置，预制柱竖向构件临时钢支柱斜支撑的搭设不应少于两个方向，且每个方向不应少于两道支撑。

4. 预制竖向构件吊运到既定位置后，应及时通过调节临时钢支柱斜杆的长度来调节竖向构件的垂直偏差，待调节固定好竖向构件后，方可拆除吊环。

5. 非设计允许，严禁采用临时斜支撑预埋件作施工吊装使用。

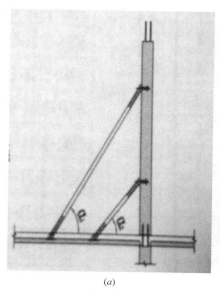

(a) (b)

图 8-9　临时钢支柱斜支撑示意

(a) 临时支撑示意图；(b) 临时支撑现场图

第五节　建筑物外防护架安全使用

　　装配整体式混凝土结构在施工过程中所采用的外脚手架既可以采用传统的钢管脚手架系统，也可以采用与预制外墙板相配套的简易防护架，如图 8-10 所示。简易外防护架为近年来与装配式建筑相适应的新兴配套产品，充分体现绿色、节能、环保、灵活等特点，其主要解决装配式建筑预制外墙施工的临边防护的问题。其优点是架体灵巧，拆分简便，易于操作，整体拼装牢固，施工人员无须高空拼装作业，安全性高。

一、外防护构造

　　1. 外防护架通常由支托架、脚手板、防护栏杆、密目安全网等组成，如图 8-11 所示。

图 8-10　外防护架现场图

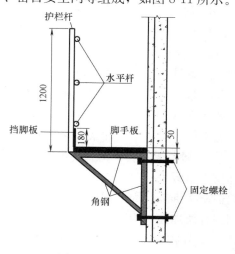

图 8-11　外防护构造图

2. 外防护架支托架通常采用角钢焊接而成，也可采用槽钢、钢管等材料制作，支托架应能保持足够的刚度和承载力。

3. 脚手板宜采用成品钢制脚手板（如图 8-12 所示），也可采用竹、木脚手板，每块质量不宜大于 30kg。冲压钢制脚手板的材质应符号现行国家标准《碳素结构钢》GB/T 700 中 Q235A 级钢的规定，并应有防滑措施。木脚手板应采用杉木或松木制作，脚手板厚度不应小于 50mm，两端应各设直径为 4mm 的镀锌钢丝箍两道。

图 8-12　钢制脚手板

4. 防护栏杆通常由带底座的 Φ48.3mm 竖向钢栏杆柱管和水平杆组装而成，扣件采用普通直角扣件。

5. 密目安全网其作用主要以建筑工程现场安全防护为目的，可有效防止建筑现场各种物体的坠落。密目安全网的质量与密度成正比，密度越高，透明度越低的密目网，其质量越好，安全性越高。装配式建筑外防护架密目网可采用高密度聚氯乙烯密目安全网，宜采用钢制密目安全网。密目安全网应沿防护栏杆通长严密布置，不得留有缝隙，且应安装牢固。

二、外防护架施工工艺流程

外防护架施工工艺流程如下：

预制墙板预留孔清理→支托架安装→脚手板安装→防护栏安装→挡脚板安装→密目安全网安装

三、外防护架施工及其要求

1. 预制墙板预留孔清理：在搭设外防护架前，应先根据图纸设计要求对墙体预制构件的预留孔洞进行检查并清理，确保其位置正确、栓孔通畅后方可进行外防护架搭设。

2. 支托架安装：三角支托架与预制外墙采用穿墙螺栓固定牢固，安装时首先将外防护架用螺母与预制墙体进行连接，使用 60mm×60mm×3mm 厚的钢板垫片与螺帽进行连接并拧紧。支托架不得固定在砌体结构上；不可避免时，应采取相应的加固措施。支托架安装应垂直于墙体外表面，支托架不应歪斜，相邻支托架安装高度应一致。同一预制外墙板上不得少于 2 个支托架。

3. 脚手板安装：钢制脚手板安装时，脚手板与支托架应采用螺栓进行可靠连接固定。铺设木质脚手板时，脚手板应铺设在满足刚度要求的钢框支架上，并用钢丝将木脚手板与钢框支架绑扎牢固，钢框支架与支托架应可靠固定。脚手板应对接铺设，对接接头处设置钢制骨架加强，为防止杂物坠落，作业层脚手板应铺稳、铺满，距墙距离不宜过大。

4. 外防护栏杆安装：防护栏杆宜由上、中、下三道水平杆及栏杆柱组成，防护栏杆与支架应可靠连接，竖向栏杆施工操作面以上高度不小于 1200mm。水平杆与竖向栏杆可采用扣件连接，上杆离地高度为 1.0～1.2m，下杆离地高度为 0.2～0.4m，中杆居中布置。

5. 挡脚板安装：挡脚板安装前应涂红白相间斜纹标识，挡脚板设置在栏杆底部，宜采用高度不低于 180mm 的挡脚板或 400mm 的挡脚笆。挡脚板与挡脚笆上如有孔眼，不应大于 25mm。挡脚板与挡脚笆下边缘距离操作平台顶面的空隙不应大于 10mm。

6. 密目安全网安装：安全网安装时，密目式安全立网上的每个扣眼都必须穿入符合规定的纤维绳，系绳绑在支撑物或栏杆架上，应符合打结方便，连接牢固，易于拆卸的原则。相邻密目安全网搭接要严密牢靠，不得有缝隙，搭设的安全网，不得在施工期间拆移、损坏，必须等无高处作业时方可拆除。

7. 外防护架组装完毕后，应检查每个挂架连接件是否牢固，与结构连接数量、位置是否正确，确认无误后方可进行后续作业施工。

工具式外防护架是一种集护栏杆、脚手板、安全网于一体的整体防护架，如图 8-13 所示。该防护架安装便捷、绿色节能、周转使用次数多、外观观感好等优点。工具式外防护架安装时，首先在预制外墙上安装支托架，然后吊运工具式外防护架固定在预制外墙支托架上即可。

图 8-13　工具式外防护架

四、外防护架拆除及其要求

装配式建筑预制外墙防护架拆除时，首先应使用吊装机械吊稳外防护架，然后由拆装人员从建筑物内部拆除预制外墙上固定三角支托架的穿墙螺栓，最后起吊吊运外防护架至地面后再拆卸外防护架即可。外防护架拆除时应符合下列要求：

1. 预制外墙外防护架拆除过程中，地面应设置围栏和警戒标志，并安排专人看守，严禁非操作人员进入吊装作业范围。

2. 穿墙螺栓拆除前，应确认外防护架与吊索稳固连接，且外防护架上无异物、杂物等，严禁操作人员站立在外防护架上。

3. 外防护架拆除过程中，不得擅自在高空拆分防护架，必须待外防护架整体平稳吊运至地面时，方可拆卸外防护构配件。

4. 有六级及以上强风或雨、雪时，应停止外防护架的拆除作业。

第九章　吊装机具使用及管理

预制构件吊装所用的机械和工具主要是起重设备和吊装索具。

常用的起重设备有塔吊、履带吊、汽车吊等。吊装索具种类繁多，本章介绍目前几种常用的吊装索具。

第一节　吊装索具设备

一、千斤顶

千斤顶可以用来校正构件的安装偏差和校正构件的变形，也可以顶升和提升构件。常用千斤顶有螺旋式和液压式两种。

二、吊钩

吊钩按制造方法可分为锻造吊钩和片式吊钩。在建筑工程施工中，通常采用锻造吊钩，采用优质低碳镇静钢或低碳合金钢锻造而成，锻造吊钩又可分为单钩和双钩，如图9-1、图9-2所示。单钩一般用于小起重量，双钩多用于较大的起重量。单钩吊钩形式多样，建筑工程中常选用有保险装置的旋转钩，如图9-3所示。

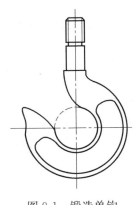

图9-1　锻造单钩

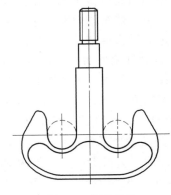

图9-2　锻造双钩

三、横吊梁

横吊梁俗称铁扁担、扁担梁，常用于梁、柱、墙板、叠合板等构件的吊装。用横吊梁吊运构件时，可以防止因起吊受力，对构件造成的破坏，便于构件更好地安装、校正。

常用的横吊梁有框架吊梁、单根吊梁，如图9-4、图9-5所示。

四、倒链

倒链又称手拉葫芦、神仙葫芦。用来起吊轻型构件，拉紧缆风绳及拉紧捆绑构件的绳索等，如图9-6所示。目前，受国内部分起重设备行程精度的限制，可采用倒链进行构件的精确就位。

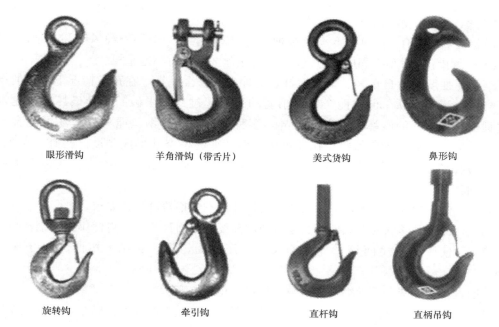

| 眼形滑钩 | 羊角滑钩（带舌片） | 美式货钩 | 鼻形钩 |
| 旋转钩 | 牵引钩 | 直杆钩 | 直柄吊钩 |

图 9-3 单钩吊钩形式

图 9-4 框架横吊梁

图 9-5 单根横吊梁

五、钢丝绳

钢丝绳是由多层钢丝捻成股，再以绳芯为中心，由一定数量股捻绕成螺旋状的绳。钢丝绳是吊装中的主要绳索，具有强度高、弹性大、韧性好、耐磨、能承受冲击荷载、工作可靠等特点。结构吊装中常用的钢丝绳是由 6 束绳股和一根绳芯（一般为麻芯）捻成。每束绳股由许多高强钢丝捻成。钢丝绳按绳股数及每股中的钢丝数区分，有 6 股 7 丝、6 股 19 丝、

图 9-6 倒链吊装

6股37丝、6股61丝等。

吊装中常用的有6×19和6×37两种。6×19钢丝绳一般用做缆风绳和吊索；6×37钢丝绳一般用于穿滑车组和用做吊索；6×61钢丝绳用于重型起重机。

钢丝绳强度高、自重轻、柔韧性好、耐冲击，安全可靠。在正常情况下使用的钢丝绳不会发生突然破断，但可能会因为承受的载荷超过其极限破断力而破坏。在建筑施工过程中，钢丝绳的破坏表现形态各异，多种原因交错。钢丝绳一旦破坏可能会导致严重的后果，因此必须坚持每个作业班次对钢丝绳的检查并形成制度。检查不留死角，对于不易看到和不接近的部位应给予足够重视，必要时应作探伤检查。在检查和使用中应做到：

第一，使用检验合格的产品，保证其机械性能和规格符合设计要求；

第二，保证足够的安全系数，必要时使用前要做受力计算，不得使用报废钢丝绳；

第三，使用中避免两钢丝绳的交叉、叠压受力，防止打结、扭曲、过度弯曲和划磨；

第四，应注意减少钢丝绳弯折次数，尽量避免反向弯折；

第五，不在不洁净的地方拖拉，防止外界因素对钢丝绳的损伤、腐蚀，使钢丝绳性能降低；

第六，保持钢丝绳表面的清洁和良好的润滑状态，加强对钢丝绳的保养和维护。

六、钢丝吊索

吊索又称千斤。吊索是由钢丝绳制成的，因此钢丝绳的允许拉力即为吊索的允许拉力，在使用时，其拉力不应超过其允许拉力。吊索有环状吊索和开式吊索两种（如图9-7、9-8所示）

七、吊装带

目前使用的常规吊装带（合成纤维吊装带），一般采用高强度聚酯长丝制作。根据外观分为：环形穿芯、环形扁平、双眼穿芯、双眼扁平四类，如图9-9所示，吊装能力分别在1～300t之间。

一般采用国际色标来区分吊装带的吨位，分紫色（1t）到桔红色（10t）等几个吨位。对于吨位大于12t的均采用桔红色进行标识，同时带体上均有荷载标识标牌。

八、卡环

卡环用于吊索之间或吊索与构件吊环之间的连接。由弯环与销子两部分组成，如图9-10所示。

按弯环形式分，有D形卡环和弓形卡环；按销子与弯环的连接形式分，有螺栓式卡环和活络卡环。螺栓式卡环的销子和弯环采用螺纹连接；活络式卡环的孔眼无螺纹，可直接抽出。螺栓式卡环使用较多，但在柱子吊装中多采用活络式卡环。

九、新型索具（接驳器）

近些年出现了几种新型的专门用于连接新型吊点（圆形吊钉、鱼尾吊钉、螺纹吊钉）（如图9-11～图9-14所示）的连接吊钩，或者用于快速接驳传统吊钩。具有接驳快速、使用安全等特点。国外生产厂家以德国哈芬、芬兰佩克为代表，国内的生产厂家以深圳营造为代表。

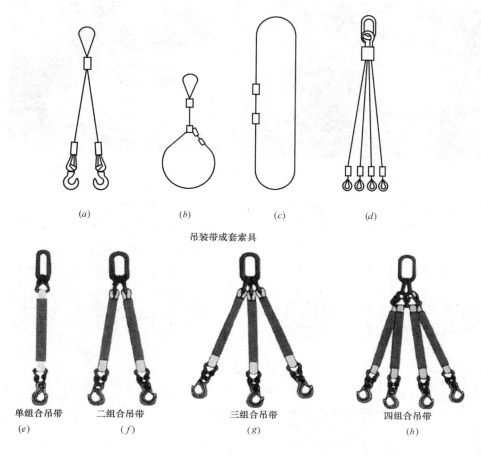

(a)   (b)   (c)   (d)

吊装带成套索具

单组合吊带   二组合吊带   三组合吊带   四组合吊带
(e)   (f)   (g)   (h)

图 9-7　几种索具形式

(a) 软环人字钩索具；(b) 可调式索具；(c) 环形索具；(d) 吊环天字钩索具

(e) 单腿索具；(f) 双腿索具；(g) 三腿索具；(h) 四腿索具

图 9-8　吊索的应用

图 9-9　吊装带形式及应用

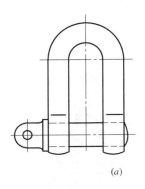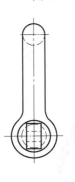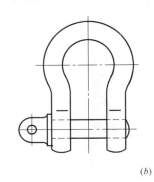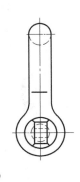

(a)　　　　　　　　　　　　　　　　　　　　(b)

图 9-10　卡环

（a）D 形卸扣；（b）弓形卸扣

图 9-11　圆形吊钉接驳器

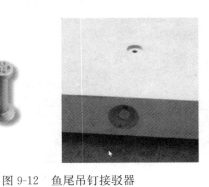

图 9-12　鱼尾吊钉接驳器

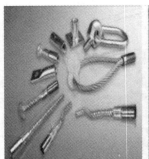

图 9-13　螺纹吊钉接驳器

图 9-14　螺纹吊钉接驳器

第二节　常用起重设备

一、塔式起重机

（一）塔式起重机的类型

塔式起重机是把吊臂、平衡臂等结构和起升、变幅等机构安装在金属塔身上的一种起重机，其特点是提升高度高、工作半径大、工作速度快、吊装效率高等。

塔式起重机按行走机构、变幅方式、回转机构位置及爬升方式的不同可分成轨道式、附着式和内爬式塔式起重机。目前，应用最广的是塔式起重机，如图9-15、图9-16所示。

图 9-15　施工用塔吊

（二）塔式起重机的使用要点

1. 塔式起重机作业前应进行下列检查和试运转。

（1）各安全装置、传动装置、指示仪表、主要部位连接螺栓、钢丝绳磨损情况、供电电缆等必须符合有关规定。

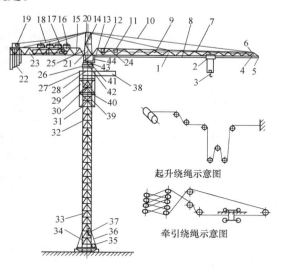

图 9-16　自升塔式起重机示意

1—吊臂；2—蝙蝠小车；3—吊钩滑轮 4、6—导向滑轮；5、13—止挡及变幅限位装置；7、9—导向滑轮；8—起升钢丝绳；10—吊臂拉绳；11—小车牵引机构；12—导向滑轮及张紧装置；14—塔尖；15—电控室；16—平衡臂护身栏；17—平衡重移动机构；18—平衡臂拉绳；19—起升机构；20、21、24—导向滑轮；22—平衡重；23—平衡臂；25—导向及张紧装置；26—回转机构；27—承座；28—过渡节；29—顶升套架；30—空气开关；31—顶升套架固定器；32—塔身标准节；33—塔身基础节；34—塔身底节；35—电缆卷筒；36—底架斜撑；37—升降梯；38—引进小车；39—顶升横梁；40—液压顶升系统及液压顶升油缸；41—转台；42—旋转机构；43—集电环；44—司机室

（2）按有关规定进行试验和试运转。

2. 当同一施工地点有两台以上起重机时，应保持两机间任何接近部位（包括吊重物）距离不得小于2m。

3. 在吊钩提升、起重小车或行走大车运行到限位装置前，均应减速缓行到停止位置，并应与限位装置保持一定距离（吊钩不得小于1m，行走轮不得小于2m）。严禁采用限位装置作为停止运行的控制开关。

4. 动臂式起重机的起升、回转、行走可同时进行，变幅应单独进行。每次变幅后应对变幅部位进行检查。允许带载变幅的，当载荷达到额定起重量的90%及以上时，严禁变幅。

5. 提升重物，严禁自由下降。重物就位时，可采用慢就位机构或利用制动器使之缓慢下降。

6. 提升重物作水平移动时，应高出其跨越的障碍物0.5m以上。

7. 装有上下两套操纵系统的起重机，不得上下同时使用。

8. 作业中如遇大雨、雾、雪及六级以上大风等恶劣天气，应立即停止作业，将回转机构的制动器完全松开，起重臂应能随风转动。对轻型俯仰变幅起重机，应将起重臂落下并与塔身结构锁紧在一起。

9. 作业中，操作人员临时离开操纵室时，必须切断电源。

10. 作业完毕后，起重臂应转到顺风方向，并松开回转制动器，小车及平衡重应置于非工作状态，吊钩宜升到离起重臂顶端2～3m处。

11. 停机时，应将每个控制器拨回零位，依次断开各开关，关闭操纵室门窗，下机后，使起重机与轨道固定，断开电源总开关，打开高空指示灯。

12. 动臂式和尚未附着的自升式塔式起重机，塔身上不得悬挂标语牌。

二、履带式起重机

（一）履带式起重机的类型

履带式起重机是在行走的履带底盘上装有起重装置的起重机械。主要由动力装置、传动装置、行走机构、工作机械、起重滑车组、变幅滑车组及平衡重等组成。它具有起重能力较大、自行式、全回转、工作稳定性好、操作灵活、使用方便、在其工作范围内可载荷行驶作业、对施工场地要求不严等特点。它是结构安装工程中常用的起重机械，如图9-17所示。

履带式起重机按传动方式不同可分为机械式、液压式（Y）和电动式（D）三种。

（二）履带式起重机的使用要点

1. 履带式起重机的使用

履带式起重机的使用应注意以下问题：

（1）驾驶员应熟悉履带式起重机技术性能，启动前应按规定进行各项检查和保养。启动后应检查各仪表指示值及运转是否正常；

（2）履带式起重机必须在平坦坚实的地面上作业，当起吊荷载达到额定重量的90%及以上时，工作动作应慢速进行，并禁止同时进行两种及以上动作；

（3）应按规定的起重性能作业，严禁超载作业，如确需超载时应进行验算并采取可靠措施；

（4）作业时，起重臂的最大仰角不应超过规定，无资料可查时，不得超过78°，最低不得小于45°；

图 9-17　履带式起重机施工中

（5）采用双机抬吊作业时，两台起重机的性能应相近；抬吊时统一指挥，动作协调，互相配合，起重机的吊钩滑轮组均应保持垂直。抬吊时单机的起重载荷不得超过允许载荷值的 80%；

（6）起重机带载行走时，载荷不得超过允许起重量的 70%；

（7）带载行走时道路应坚实平整，起重臂与履带平行，重物离地不能大于 500mm，并拴好拉绳，缓慢行驶，严禁长距离带载行驶，上下坡道时，应无载行驶。上坡时，应将起重臂扬角适当放小，下坡时应将起重臂的仰角适当放大，严禁下坡空挡滑行；

（8）作业后，吊钩应提升至接近顶端处，起重臂降至 40°～60°之间，关闭电门，各操纵杆置于空挡位置，各制动器加保险固定，操纵室和机棚应关闭门窗并加锁；

（9）遇大风、大雪、大雨时应停止作业，并将起重臂转至顺风方向。

2. 履带式起重机的转移

履带式起重机的转移有三种形式：自行、平板拖车运输和铁路运输。对于普通路面且运距较近时，可采用自行转移，在行驶前，应对行走机构进行检查，并做好润滑、紧固、调整和保养工作。每行驶 500～1000m 时，应对行走机构进行检查和润滑。对沿途空中架线情况进行察看，以保证符合安全距离要求；当采用平板拖车运输时，要了解所运输的履带式起重机的自重、外形尺寸、运输路线和桥梁的安全承载能力、桥洞高度等情况，选用相应载重量平板拖车。起重机在平板拖车上停放牢固，位置合理。应将起重臂和配重拆下，刹住回转制动器，插销销牢，为了降低高度，可将起重机上部人字架放下；当采用铁路运输时，应将支垫起重臂的高凳或道木垛搭在起重机停放的同一个平板上，固定起重臂的绳索也绑在该平板上，如起重臂长度超过该平板时，应另挂一个辅助平板，但可不设支垫也不用绳索固定，同时吊钩钢丝绳应抽掉。

（三）履带式起重机的验算

履带式起重机在进行超负荷吊装或接长吊杆时，需进行稳定性验算，以保证起重机在吊装中不会发生倾覆事故。履带式起重机在车身与行驶方向垂直时，处于最不利工作状态，稳定性最差，如图 9-18 所示，此时履带的轨链中心 A 为倾覆中心，起重机的安全条件为：当仅考虑吊装荷载时，稳定性安全系数 $K_1 = M$稳$/M$倾$= 1.4$；当考虑吊装荷载及附加荷载时，稳定性安全系数 $K_2 = M$稳$/M$倾$= 1.15$。

当起重机的起重高度或起重半径不足时，可将起重臂接长，接长后的稳定性计算，可近似地按力矩等量换算原则求出起重臂接长后的允许起重量（如图 9-19 所示），则接长起重臂后，当吊装荷载不超过 $Q't$，即可满足稳定性的要求。

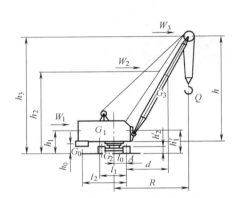

图 9-18　履带起重机稳定性验算　　　　图 9-19　用力矩等量转换原则计算起重机

三、汽车式起重机

（一）汽车式起重机的类型

汽车式起重机是将起重机构安装在普通载重汽车或专用汽车底盘上的起重机。汽车式起重机机动性能好，运行速度快，对路面破坏性小，但不能带负荷行驶，吊重物时必须支腿，对工作场地的要求较高，如图 9-20、图 9-21 所示。

图 9-20　汽车式起重机

图 9-21　汽车式起重机吊装

汽车式起重机按起重量大小分为轻型、中型和重型三种。起重量在 20t 以内的为轻型，50t 及以上的为重型；按起重臂形式分为桁架臂和箱形臂两种；按传动装置形式分为机械传动（Q）、电力传动（QD）、液压传动（QY）。目前，液压传动的汽车式起重机应用较广。

（二）汽车式起重机的使用要点

1. 应遵守操作规程及交通规则。

2. 作业场地应坚实平整。

3. 作业前，应伸出全部支腿，并在撑脚下垫合适的方木。调整机体，使回转支撑面的倾斜度在无荷载时不大于 1/1000（水准泡居中）。支腿有定位销的应插上。底盘为弹性悬挂的起重机，伸出支腿前应收紧稳定器。

4. 作业中严禁扳动支腿操纵阀。调整支腿应在无载荷时进行。

5. 起重臂伸缩时，应按规定程序进行，当限制器发出警报时，应停止伸臂，起重臂伸出后，当前节臂杆的长度大于后节伸出长度时，应调整正常后，方可作业。

6. 作业时，汽车驾驶室内不得有人，发现起重机倾斜、不稳等异常情况时，应立即采取措施。

7. 起吊重物达到额定起重量的 90% 以上时，严禁同时进行两种及以上的动作。

8. 作业后，收回全部起重臂，收回支腿，挂牢吊钩，撑牢车架尾部两撑杆并锁定。销牢锁式制动器，以防旋转。

9. 行驶时，底盘走台上严禁载人或物。

第三节　吊装作业安全防范

一、吊装工程的主要施工特点
（一）受预制构件的类型和质量影响大。
（二）正确选用起重机具是完成吊装任务的主要因素。
（三）构件的应力状态变化多。
（四）高空作业多，容易发生事故，必须加强安全教育，并采取可靠措施。

二、吊装特殊作业人员职责
（一）挂钩工岗位安全要求：
1. 必须服从指挥员指挥；
2. 熟练运用手势、旗语、哨声；
3. 熟悉起重机的技术性能和工作原理；
4. 熟悉构件材料设备的装卸、运输、堆放有关知识；
5. 能正确使用吊索具和各种构件材料设备的拴挂方法；
6. 熟悉常用材料重量、构件设备重心位置的估算及就位方法。
（二）指挥信号工岗位安全要求：
1. 具备指挥单机、双机或多机作业的指挥能力；
2. 正确使用吊索具，检查各种规格钢丝绳；
3. 有防止构件设备装卸、运输、堆放过程中变形的知识；

4. 掌握起重机最大起重量和各种高度、幅度时的起重量，熟知吊装起重有关知识；

5. 掌握常用材料的重量和吊运就位方法及异性构件、材料、设备的计算方法、重心位置的估算；

6. 能看懂一般机械图纸，能按图纸设计要求和工艺要求指挥起吊、就位；

7. 应掌握所指挥的起重机的机械性能和其中工作性能，能熟练地运用手势、旗语、哨声和通信设备；

8. 严格执行"十不吊"制度，即超过额定负荷不吊、指挥信号不明重量不明不吊、多人指挥指挥人员精神不集中不吊、捆绑不牢挂钩不符合安全要求不吊、斜拉歪吊重物不稳不吊、吊物上有人有浮动物不吊、压力容器气瓶乙炔瓶或爆炸物品不吊、带有棱角刃口未衬垫不吊、埋在地下的物体不吊、无人指挥抱闸失灵光线暗淡看不清信号不吊。

（三）起重司机岗位要求：

1. 懂得吊装构件、材料、设备重量计算；

2. 遵守起重安全技术规程、制度；

3. 掌握钢丝绳接头的穿结（卡接、插接）；

4. 了解所操纵的起重机的构造和技术性能；

5. 懂得在制动器突然失效的情况下如何紧急处理；

6. 懂得一般仪表的使用及电气设备常见故障的排除；

7. 明白起重量、变幅、起重速度与机械稳定性的关系；

8. 懂得钢丝绳的类型、鉴别、报善与安全系数的选择；

9. 操作中能及时发现和判断各种机构故障，并采取有效措施。

三、吊装作业

（一）起吊作业的人员及场地要求

1. 施工现场必须选派具有丰富吊装经验的信号指挥人员、挂钩人员，作业人员施工前必须检查身体，对患有不宜高空作业疾病的人员不得安排高空作业。特种作业人员必须经过专门的安全培训，经考核合格，持特种作业操作资格证书上岗。特种作业人员应按规定进行体检和复审。

2. 起重吊装作业前，应根据施工组织设计要求划定危险作业区域，在主要施工部位、作业点、危险区、都必须设置醒目的警示标志，设专人加强安全警戒，防止无关人员进入。还应视现场作业环境专门设置监护人员，防止高处作业或交叉作业时造成的落物伤人事故。

（二）起重设备

1. 根据《危险性较大的分部分项工程安全管理办法》（建质〔2009〕87号）规定，下列起重工程属于超过一定规模的危险性较大的分部分项工程：

（1）采用非常规起重设备、方法，且单件起吊重量在100kN及以上的起重吊装工程。

（2）起重量300kN及以上的起重设备安装工程；高度200m及以上内爬起重设备的拆除工程。

（3）安装拆除环境复杂，与设备使用说明书安装拆卸工况不符的起重机械安装与拆卸工程。

2. 起重机械按施工方案要求选型，运到现场重新组装后，应进行试运转试验和验收，确认符合要求并记录、签字。起重机经检验后可以持续使用并要持有市级有关部门定期核发的准用证。

3. 须经检查确认的安全装置包括超高限位器、力矩限制器、臂杆幅度指示器及吊钩保险装置，且均应符合要求。当该机说明书中尚有其他安全装置时应按说明书规定进行检查。

4. 汽车式起重机进行吊装作业时，行走用的驾驶室内不得有人，吊物不得超越驾驶室上方，并严禁带载行驶。

5. 双机抬吊时，要根据起重机的起重能力进行合理的负载分配，操作时要统一指挥，互相密切配合。在整个起吊过程中，两台起重机的吊滑车均应基本保持垂直状态。

（三）钢丝绳

1. 钢丝绳断丝数在一个节距中超过 10%、钢丝绳锈蚀或表面磨损达 40% 以及有死弯、结构变形、绳芯挤出等情况时，应报废停止使用。

2. 缆风绳应使用钢丝绳，其安全系数 $K=3.5$，规格应符合施工方案要求，缆风绳应与地锚牢固连接。

（四）吊点

1. 根据预制构件外形、重心及工艺要求选择吊点，并在方案中进行规定。

2. 吊点是在构件起吊、翻转、移位等作业中都必须使用的，吊点选择应与构件的重心在同一垂直线上，且吊点应在重心之上（吊点与构件重心的连线和构件的横截面成垂直），使构件垂直起吊，严禁斜吊。

3. 当采用几个吊点起吊时，应使各吊点的合力在构件重心位置之上。必须正确计算每根吊索长度，使预制构件在吊装过程中始终保持稳定位置。当构件无吊鼻，需用钢丝绳绑扎时，必须对棱角处采取保护措施，其安全系数为 $K=6\sim8$；当起吊重、大或精密的构件时，除应采取妥善保护措施外，吊索的安全系数应取 10 。

（五）吊装作业安全操作要点

1. 穿绳安全要求：确定吊物重心，选好挂绳位置。穿绳宜用铁钩，不得将手臂伸到构件下面。

2. 挂绳安全要求：应按顺序挂绳，吊绳不得相互挤压、交叉、扭压、绞拧。吊索的水平夹角大于 45°，吊挂绳间夹角小于 120°，避免张力过大，吊链之间应受力均匀，避免偏心不均匀受力。

3. 试吊安全要求：构件吊装应进行试吊，试吊时，构件离地面约 50cm（10～20cm）左右稍停，由操作人员全面检查吊索具、卡具等，确保各方面安全可靠后方能起吊。试吊中，指挥信号工、挂钩工、时机必须协调配合，如发现吊物重心偏移或与其他物件粘连等情况，必须立即停止起吊，采取措施并确认安全方可起吊。

4. 吊装过程中，作业人员应留有一定的安全空间，与预制构件保持一定的安全距离，严禁站立在预制构件及吊钩下方，严禁作业人员站立在并排放置的构件中间，如图 9-22 所示，保证即使构件吊装侧翻仍然与现场人员保持一定安全距离。

5. 摘绳安全要求：落绳停稳支牢后方可放松吊绳，对易滚、易滑、易散的吊物，摘绳要用安全钩，挂钩工不得站在吊物上面，如遇不宜摘绳时，应选用其他机具辅助，严禁攀登吊物及绳索。

6. 抽绳安全要求：吊钩应与构件保持垂直，缓慢起绳，不得斜拉、强拉，不得旋转吊臂抽绳，如遇吊绳被压，应立即停止抽绳，可采取提头试吊方法抽绳；吊运易滚、易损、易倒的吊物不的使用起重机抽绳。

（六）吊装作业其他安全要求

1. 锁绳吊挂应便于摘绳操作，扁担吊挂时，吊点应对称于吊物重心；卡具吊挂应避免卡具在吊装过程中被碰撞；作业时，应缓起、缓转、缓移，并用控制绳保持吊物平衡（如图 9-23 所示）。

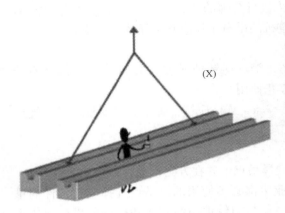

图 9-22　作业人员站立在并排构件中间错误案例　　　图 9-23　墙板离地后四条吊链皆确认紧绷

2. 吊装大型物件时用千斤顶、倒链调整就位时，严禁两端千斤顶倒链同时起落，一端使用两个及两个以上千斤顶倒链调整就位时，起落速度应一致。

3. 大雨、雾、大雪、6 级及以上大风等恶劣天气应停止吊装作业。雨雪后进行吊装作业时，应及时清理冰雪并采取防滑和防漏电措施，先试吊，确认制动器灵敏可靠后方可进行作业。

4. 触电事故的安全控制要点

（1）吊装作业起重机的任何部位与架空输电线路边线之间的最小安全距离应符合表 9-1 的规定。

起重机与架空输电导线的最小安全距离　　　　表 9-1

输电线路电压	1kV 以下	1～15kV	20～40kV	60～110kV	220kV
垂直距离	1.5m	3m	4m	5m	6m
水平距离	1.0m	1.5m	2m	4m	6m

（2）吊装作业使用的电源线必须架高，手把线绝缘要良好。在雨天或潮湿地点作业的人员，应戴绝缘手套，穿绝缘鞋。

（3）吊装作业使用行灯照明时，电压不得超过 36V。

第十章 预制构件安装

第一节 起吊的基本要求

一、吊点选择的基本要求

1. 吊点的选择应保证被吊构件不变形、不损坏，起吊后不转动、不倾斜、不翻倒。

2. 吊点的选择应根据被吊构件的结构、形状、体积、重量、重心等，结合吊装要求、现场作业条件确定。

3. 吊点的多少应根据被吊构件的强度、刚度和稳定性确定。

4. 吊点的选择应保证吊索受力均匀，合力的作用点应同被吊构件重心在同一铅垂线上。

5. 吊点一般由生产厂家已设定好，吊装时注意观察使用。

二、起重作业的基本要求

（一）撬

在吊装作业中，为了把物体抬高或降低，采用撬的方法。撬就是用杠把物体撬起，这种方法一般用于抬高或降低物体（约 2000～3000kg）的操作中。如工地上堆放预制桁架板或钢筋混凝土墙板时，为了调整构件某一部分的高低，可用这种方法。

撬属于杠杆的第一类型（支点在中间）。撬杠下边的垫点就是支点。在操作过程中，为了达到省力的目的，垫点应尽量靠近物体，以减少（短）重臂，增大（长）力臂。作支点用的垫物要坚硬，底面积宜大而宽，顶面要窄。

（二）磨

磨是用杠杆使物体转动的一种操作，也属于杠杆的第一类型。磨的时候，先要把物体撬起同时推动撬杠的尾部使物体转动（要想使重物向右转动，应向左推动撬杠的尾部）。当撬杠磨到一定角度不能再磨时，可将重物放下，再转回撬杠磨第二次，第三次……

在吊装工作中，对重量较轻、体积较小的构件，需要移位时，可一人一头地磨，如移动大型桁架板时也可一个人磨，也可以几个人对称地站在构件的两端同时磨。

（三）拨

拨是把物体向前移动的一种方法，它属于第二类杠杆，重点在中间，支点在物体的底下。将撬杠斜插在物体底下，然后用力向上抬，物体就向前移动。

（四）顶和落

顶是指用千斤顶把重物顶起来的操作，落是指千斤顶把重物从较高的位置落到较低位置的操作。

第一步，将千斤顶安放在重物下边的适当位置。第二步，操作千斤顶，将重物顶起。第三步，在重物下垫进枕木并落下千斤顶。第四步，垫高千斤顶，准备再顶升。如此循环往复，即可将重物一步一步地升高至需要的位置。落的操作步骤与顶的操作步骤相反。在使用油压千斤顶落下重物时，为防止其下落速度过快发生危险，要在拆去枕木后，及时放入不同厚度的木板，使重物离木板的距离保持在 50mm 以内，一面落下重物，一面拆去和更换木板。木板拆完后，将重物放在枕木上，然后取出千斤顶，拆去千斤顶下的部分枕木，再把千斤顶放回。重复以上操作，一直到将重物落至要求的高度。

第二节　预制构件吊装与安装工艺流程

一、装配整体式框架结构的施工流程

装配整体式框架结构是以预制柱（或现浇柱）、叠合板、叠合梁为主要预制构件，并通过叠合板叠合梁的现浇上部以及节点部位的后浇混凝土而形成的整体混凝土结构，如图 10-1所示。

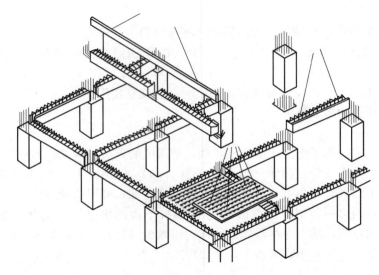

图 10-1　装配整体式框架结构示意

装配整体式框架结构的施工流程如下：

构件进场验收→构件编号（吊装顺序）→构件弹线控制→结构弹线→支撑连接件设置复核→预制柱吊装、固定、校正、连接→预制梁吊装、固定、校正、连接→预制板吊装、固定、校正、连接→预制梁板叠合层混凝土→预制楼梯吊装、固定、校正、连接→重复上循环内容

如混凝土柱采用现浇其施工流程如下：

柱位置弹线控制→绑扎柱钢筋→支设柱模板→现浇柱混凝土→拆柱模板→预制梁吊装固定、校正、连接→预制板吊装、固定、校正、连接→浇筑梁板叠合层混凝土→预制楼梯吊装、固定、校正、连接→重复上循环内容

二、装配整体式剪力墙结构的施工流程

装配整体式剪力墙结构由水平受力构件和竖向受力构件组成，构件采用工厂化生产（或现浇剪力墙），运至施工现场后，其连接节点通过后浇混凝土结合，水平向钢筋通过机

械连接和其他方式连接，竖向钢筋通过钢筋灌浆套筒连接或其他方式连接，经过装配及后浇叠合形成整体。

其施工流程如下：

弹墙体控制线→预制剪力墙吊装就位→预制剪力墙斜撑固定→预制墙体注浆→竖向节点构件钢筋绑扎→预制内填充墙吊装→支设竖向节点构件模板→预制梁吊装→预制楼板吊装→预制阳台吊装、固定、校正、连接→后浇筑楼板及竖向节点构→预制楼梯吊装→重复上循环内容

如采用现浇剪力墙其施工流程如下：

剪力墙位置弹线控制→绑扎剪力墙钢筋→支设剪力墙模板→现浇剪力墙混凝土→拆剪力墙模板→预制外填充墙吊装→竖向节点构件钢筋绑扎→预制内填充墙吊装→支设竖向节点构件模板→预制楼板吊装→预制阳台吊装、固定、校正、连接→预制楼梯吊装→重复上循环内容

关于装配整体式框架-现浇剪力墙结构的施工流程，可参照装配整体式框架结构和现浇剪力墙结构施工。

第三节　预制柱施工技术要点

一、预制框架柱吊装施工流程

预制框架柱吊装施工流程如下：

预制框架柱进场、验收→按图放线→安装吊具→预制框架柱扶直→预制框架柱吊装→预留钢筋就位→水平调整、竖向校正→斜支撑固定→接头连接

其吊装示意图如图 10-2 所示。

二、柱吊点位置、吊具索具使用

预制柱单个吊点位于柱顶中央，由生产构件厂家预留，现场采用单腿锁具（单腿锁具详见第九章第一节）吊住预制柱单个吊点，逐步移向拟定位置，柱顶拴绑绳，人工辅助柱就位。

三、柱就位

1. 根据预制柱平面纵横两轴线的控制线和柱边框线，校核预制柱中预埋钢套筒位置的偏移情况，并做好记录。

图 10-2　预制框架柱吊装示意

2. 检查预制柱进场的尺寸、规格、混凝土的强度是否符合设计和规范要求，检查柱上预留钢套筒及预留钢筋是否满足图纸要求，套管内是否有杂物；同时做好记录，并与现场预留钢套筒的检查记录进行核对，无问题方可进行吊装。

3. 吊装前在柱四角放置金属垫块，以利于预制柱的垂直度校正，按照设计标高，结合柱子长度，对柱子长度偏差进行复核。用经纬仪控制垂直度，若有少许偏差运用千斤顶等进行调整。

141

4. 柱就位时应将预制柱钢筋与下层预制柱的预留钢筋初步试对；无问题后准备进行固定；若预制柱有小距离的偏移，需借助塔吊或汽车吊及人工摆绳进行调整。

四、预制柱接头连接

1. 预制柱接头连接采用钢套筒灌浆连接技术。

2. 柱脚四周采用坐浆材料封边，形成密闭灌浆腔，保证在最大灌浆压力（约 1MPa）下密封有效。

3. 当所有连接接头的灌浆口都未被封堵且灌浆口漏出浆液时，应立即用胶塞进行封堵牢固；如排浆孔事先封堵胶塞，摘除其上排浆孔的封堵胶塞，直至所有灌浆孔都流出浆液并已封堵后，等待排浆孔出浆。

4. 一个灌浆单元只能从一个灌浆口注入，不得同时从多个灌浆口注浆。

第四节　预制梁施工技术要点

一、预制梁吊装施工流程

装配整体式框架结构现浇柱施工流程如下：

预制梁进场、验收→按图放线（梁搁柱头边线）→设置梁底支撑→预制梁起吊→预制就位安放梁微调→接头连接

二、预制梁吊点位置、吊具索具使用

预制梁一般用两点吊，预制梁两个吊点分别位于梁顶两侧距离两端 $0.2L$ 梁长位置，由生产构件厂家预留。

现场吊装工具采用双腿锁具或扁担梁（双腿锁具详见第十章第一节）吊住预制梁两个吊点逐步移向拟定位置，人工通过预制梁顶绳索辅助梁就位。

三、预制梁就位

1. 用水平仪抄测出柱顶与梁底标高误差，然后在柱上弹出梁边控制线。

2. 在构件上标明每个构件所属的吊装顺序和编号，便于吊装操作工人辨认。

3. 梁底支撑采用钢立杆支撑＋可调顶托，可调顶托上铺设长×宽为 100mm×100mm 木枋，预制梁的标高通过支撑体系的顶丝来调节。

4. 预制梁起吊时，用双腿锁具或吊索钩住扁担梁的吊环，吊索应有足够的长度以保证吊索和梁之间的角度≥60°，当用扁担梁吊装梁时，吊索应有足够的长度以保证吊索和扁担梁之间的角度≥60°。

5. 当预制梁初步就位后，两侧借助柱头上的梁定位线将梁精确校正，在调平同时将下部可调支撑上紧，这时方可松去吊钩。

6. 主梁吊装结束后，根据柱上已放出的梁边和梁端控制线，检查主梁上的次梁缺口位置是否正确，如不正确，需做相应处理后方可吊装次梁，梁在吊装过程中要按柱对称吊装。

四、预制梁接头连接

1. 混凝土浇筑前应将预制梁两端键槽内的杂物清理干净，并提前 24h 浇水湿润。

2. 预制梁两端键槽钢筋绑扎时，应确保钢筋位置的准确。

3. 预制梁水平钢筋连接为机械连接、钢套筒灌浆连接或焊接连接。

第五节　预制剪力墙施工技术要点

一、预制剪力墙吊装流程

装配整体式框架结构现浇柱施工流程如下：

预制剪力墙进场、验收→按图放线→安装吊具→预制剪力墙扶直→预制剪力墙吊装→预留钢筋插入就位→水平调整、竖向校正→斜支撑固定→接头连接

二、预制剪力墙吊点位置、吊具索具使用

预制剪力墙一般用两点吊，预制剪力墙两个吊点分别位于墙顶两侧距离两端 $0.2L$ 墙长位置，由生产构件厂家预留。

三、预制剪力墙就位

1. 预制剪力墙吊装准备：

（1）在吊装就位之前将所有墙的位置在地面弹好墨线，根据后置埋件布置图，采用后钻孔法安装预制构件定位卡具，并进行复核检查。

（2）对起重设备进行安全检查，并在空载状态下对吊臂角度、负载能力、吊绳等进行检查，对吊装困难的部件进行空载实际演练，将导链、斜撑杆、膨胀螺丝、扳手、2m 靠尺、开孔电钻等工具准备齐全，操作人员对操作工具进行清点。

（3）检查预制构件预留灌浆套筒是否有缺陷、杂物和油污，保证灌浆套筒完好；提前架好经纬仪、激光水准仪并调平。

（4）填写施工准备情况登记表，施工现场负责人检查核对签字后方可开始吊装。

2. 起吊预制剪力墙：吊装角度应符合规范要求，其吊装示意图如图 10-3 所示。

（a）　　　　　　　　　　　　　　　　（b）

图 10-3　预制剪力墙吊装示意

（a）吊装；（b）就位

3. 顺着吊装前所弹墨线缓缓下放墙板，吊装经过的区域下方设置警戒区，施工人员应撤离，由信号工指挥，就位时待构件下降至作业面1m左右高度时施工人员方可靠近操作，以保证操作人员的安全。墙板下放好垫块，垫块保证墙板底标高的正确（注：也可提

前在预制墙板上安装定位角码，顺着定位角码的位置安放墙板）。

4. 墙板底部钢套筒未对准时，可使用倒链将墙板手动微调，重新对孔。底部没有灌浆套筒的外填充墙板直接顺着角码缓缓放下墙板。垫板造成的空隙可用坐浆方式填补。为防止坐浆料填充到外叶板之间，在夹芯板处补充 50mm×20mm 的保温板（或橡胶止水条）堵塞缝隙。

5. 垂直坐落在准确的位置后使用激光水准仪复核水平是否偏差，无误差后，利用预制剪力墙板上的预埋螺栓和地面后置膨胀螺栓（将膨胀螺栓在环氧树脂内蘸一下，立即打入地面）安装斜支撑杆，用检测尺检测预制墙体垂直度及复测墙顶标高后，利用斜支撑杆调节好墙体的垂直度，方可松开吊钩（注：在调节斜支撑杆时必须两名工人同时间、同方向进行操作），如图 10-4 所示。

(a)　　　　　　　　　　　　　　　　　(b)

图 10-4　预制剪力墙板支撑调节
(a) 支撑安装；(b) 支撑调整

6. 调节斜支撑杆完毕后，再次校核墙体的水平位置和标高、垂直度，相邻墙体的平整度。检查工具：经纬仪、水准仪、靠尺、水平尺（或软管）、铅锤、拉线。

四、预制剪力墙接头连接

1. 灌浆前应制定灌浆操作的专项质量保证措施。

2. 应按产品使用要求计量灌浆料和水的用量并搅拌均匀，灌浆料拌合物的流动度应满足现行国家相关标准和设计要求。

3. 将预制墙板底的灌浆连接腔用高强水泥基坐浆材料进行密封（防止灌浆前异物进入腔内）；墙板底部采用坐浆材料封边，形成密封灌浆腔，保证在最大灌浆压力（1MPa）下密封有效。

4. 灌浆料拌合物应在制备后 0.5h 内用完；灌浆作业应采取压浆法从下口灌注，用浆料从上口流出时应及时封闭；宜采用专用堵头封闭，封闭后灌浆料不应有任何外漏。

5. 灌浆施工时宜控制环境温度，必要时，并应对连接处采取保温加热措施。

6. 灌浆作业完成后 12h 内，构件和灌浆连接接头不应受到振动或冲击。

144

第六节　预制楼板施工技术要点

预制钢筋桁架板是当前普遍使用的预制楼板，一间房可以放置一块预制楼板，当房间较大，一间房可以放置若干块预制楼板，并对板缝依据规范和标准图集做法进行处理。

一、钢筋桁架板吊装工艺流程

钢筋桁架板吊装工艺流程如下：

预制板进场、验收→放线→搭设板底支撑→预制板吊装→预制板就位→预制板微调定位

二、钢筋桁架板吊点位置、吊具索具使用

钢筋桁架板的吊点位置应合理设置，吊点宜采用框架横担梁四点或八点吊，起吊就位应垂直平稳，多点起吊时吊索与板水平面所成夹角不宜小于60°，不应小于45°。

三、钢筋桁架板初步就位

（一）进场验收

1. 进场验收主要检查资料及外观质量，防止在运输过程中发生损坏现象。

2. 预制板进入工地现场，堆放场地应夯实平整，并应防止地面不均匀下沉。钢筋桁架板应按照不同型号、规格分类堆放。钢筋桁架板应采用板桁架筋朝上叠放的堆放方式，严禁倒置钢筋桁架板，各层板下部应设置垫木，垫木应上下对齐，不得脱空。堆放层数不应大于6层，并有稳固措施。

（二）在吊装完成的梁或墙上测量并弹出相应预制板四周控制线，并在构件上标明每个构件所属的吊装顺序和编号，便于吊装操作工人辨认。

（三）在预制楼板两端部位设置临时可调节支撑杆，预制楼板的支撑设置应符合以下要求：

1. 支撑架体应具有足够的承载能力、刚度和稳定性，应能可靠地承受混凝土构件的自重和施工过程中所产生的荷载及风荷载，支撑立杆下方应铺50mm厚木板。

2. 确保支撑系统的间距及距离墙、柱、梁边的净距符合系统验算要求，上下层支撑应在同一直线上，如图10-5所示。

（四）在可调节顶撑上架设木方，调节木方顶面至板底设计标高，开始吊装预制楼板。

（五）吊装应按顺序连续进行，板吊至上方30～60mm后，调整板位置使锚固筋与梁箍筋错开便于就位，板边线基本与控制线吻合。将预制楼板坐落在木方顶面，及时检查板底与预制叠合梁或剪力墙的接缝是否到位，预制楼板钢筋伸入墙长度是否符合要求，直至吊装完成，如图10-6所示。

图 10-5　预制楼板支撑示意

安装钢筋桁架板时，其搁置长度应满足设计要求。钢筋桁架板与梁或墙间宜设置不大于20mm坐浆或垫片。实心平板侧边的拼缝构造形式可采用直平边、双齿边、斜平边、

图 10-6　预制板吊装顺序示意

部分斜平边等。实心平板端部伸出的纵向受力钢筋即胡子筋，当胡子筋影响钢筋桁架板铺板施工时，可在一端不预留胡子筋，并在不预留胡子筋一端的实心平板上方设置端部连接钢筋代替胡子筋，端部连接钢筋应沿板端交错布置，端部连接钢筋支座锚固长度不应小于 $10d$、深入板内长度不应小于 150mm。

当一跨板吊装结束后，要根据板四周边线及板柱上弹出的标高控制线对板标高及位置进行精确调整，误差控制在 2mm 以内。

第七节　预制楼梯施工技术要点

一、预制楼梯安装工艺流程

装配整体式预制楼梯施工流程如下：

预制楼梯进场、验收→放线→预制楼梯吊装→预制楼梯安装就位→预制楼梯微调定位→吊具拆除

楼梯间周边梁板叠合层混凝土浇筑完工后，测量并弹出相应楼梯构件端部和侧边的控制线。预制楼梯运到施工现场后的保护措施如图 10-7 所示。

图 10-7　预制楼梯运到现场后的成品保护

二、吊点位置、吊具索具使用

预制楼梯一般采用四点吊，配合倒链下落就位调整索具铁链长度，使楼梯段休息平台处于水平位置，试吊预制楼梯板，检查吊点位置是否准确，吊索受力是否均匀等；试起吊高度不应超过 1m。预制楼梯吊装如图 10-8 所示。

三、预制楼梯就位

1. 预制楼梯吊至梁上方 300～500mm 后，调整预制楼梯位置使上下平台锚固筋与梁箍筋错开，板边线基本与控制线吻合。

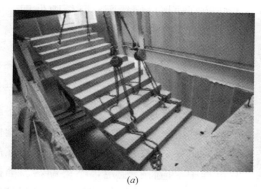 

(a)　　　　　　　　　　　　　　　　(b)

图 10-8　预制楼梯吊装示意
（a）楼梯吊装；（b）楼梯就位

2. 根据已放出的楼梯控制线，将构件根据控制线精确就位，先保证楼梯两侧准确就位，再使用水平尺和导链调节楼梯水平。

3. 预制楼梯就位后调节支撑立杆，确保所有立杆全部受力。

第八节　预制阳台、空调板施工技术要点

一、预制阳台、空调板安装工艺流程

装配整体式预制阳台、空调板施工流程如下：

预制构件进场、验收→放线→预制构件吊具安装→预制构件吊装→预制构件安装就位微调定位

二、吊点位置、吊具索具使用

预制阳台、空调板一般采用四点吊，配合倒链下落就位，调整索具铁链长度，使预制阳台、休息平台处于水平位置，试吊阳台、空调板，检查吊点位置是否准确，吊索受力是否均匀等；试起吊高度不应超过 1m。

三、阳台、空调板初步就位

（一）每块预制构件吊装前测量并弹出相应周边（隔板、梁、柱）控制线。

（二）板底支撑采用钢管脚手架＋可调顶托＋可调顶托内铺放长×宽为 100mm×100mm 木方，板吊装前应检查是否有可调支撑高出设计标高，校对预制梁和隔板之间的尺寸是否有偏差，并做相应调整。

（三）预制构件吊至设计位置上方 30～60mm 后，调整位置使锚固筋与已完成结构预留筋错开，便于就位，构件边线基本与控制线吻合。

（四）当一跨板吊装结束后，要根据板周边线、隔板上弹出的标高控制线对板标高及位置进行精确调整，误差控制在 2mm 以内。

第九节　预制外墙挂板施工技术要点

一、外围护墙安装施工工艺流程

装配整体式预制外墙挂板施工流程如下：

预制墙板进场、验收→放线→安装固定件→安装预制挂板→螺栓固定→缝隙处理

二、吊点位置、吊具索具使用

预制外墙挂板吊点一般是两个，位置同剪力墙一致，如图 10-9 所示。

图 10-9　预制外墙挂板安装示意

三、外墙挂板吊装就位

（一）预制外墙挂板应按照施工方案吊装顺序预先编号，严格按照编号顺序起吊；吊装应采用慢起、稳升、缓放的操作方式，应系好缆风绳控制构件转动；在吊装过程中，应保持稳定，不得偏斜、摇摆和扭转。预制外墙板的校核与偏差调整应按以下要求：

1. 预制外墙挂板侧面中线及板面垂直度的校核，应以中线为主调整。

2. 预制外墙板上下校正时，应以竖缝为主调整。

3. 墙板接缝应以满足外墙面平整为主，内墙面不平或翘曲时，可在内装饰或内保温层内调整。

4. 预制外墙板山墙阳角与相邻板的校正，以阳角为基准调整。

5. 预制外墙板拼缝平整的校核，应以楼地面水平线为准调整。

（二）外墙挂板底部固定、外侧封堵

外墙挂板底部坐浆材料的强度等级不应小于被连接的构件强度，坐浆层的厚度不应大于 20mm，底部坐浆强度检验以每层为一检验批，每工作班组应制作一组且每层不应少于 3 组边长为 70.7mm 的立方体试件，标准养护 28d 后进行抗压强度试验。外墙挂板外侧为了防止坐浆料外漏，应在外侧保温板部位固定宽×厚（50mm×20mm）的具备 A 级保温性能的材料进行封堵。

预制外墙板吊装到位后应立即进行下部螺栓固定并做好防腐防锈处理。上部预留钢筋与叠合板钢筋或框架梁预埋件焊接。

（三）预制外墙挂板连接接缝采用防水密封胶施工时应符合下列规定：

1. 预制外墙板连接接缝防水节点基层及空腔排水构造做法符合设计要求。

2. 预制外墙挂板外侧水平、竖直接缝的防水密封胶封堵前，侧壁应清理干净，保持干燥。嵌缝材料应与挂板牢固粘结，不得漏嵌和虚粘。

3. 外侧竖缝及水平缝防水密封胶的注胶宽度、厚度应符合设计要求，防水密封胶应在预制外墙挂板校核固定后嵌填，先安放填充材料，然后注胶。防水密封胶应均匀顺直，饱满密实，表面光滑连续。

4. 外墙挂板"十"字拼缝处的防水密封胶注胶连续完成。

第十一章　预制构件连接节点施工

第一节　钢筋套筒灌浆连接施工

钢筋套筒灌浆连接主要用于预制柱、叠合梁、预制剪力墙纵向受力钢筋的连接。

钢筋套筒灌浆是施工的关键，应编制专项施工方案，对操作工人进行技术交底和专业培训，培训合格后方可上岗。

一、基本要求

在灌浆施工前，应进行工艺检验，不同生产企业的钢筋均应进行接头工艺检验，施工过程中，更换钢筋生产企业时，应补充工艺检验，工艺检验的要求和方法详见现行国家标准规范，当环境温度低于5℃时不宜施工，当低于0℃时不得施工；当环境温度高于30℃时，应采取降低灌浆料拌合物温度的措施。预制混凝土剪力墙底部如图11-1所示。

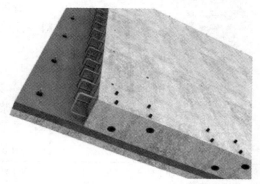

图 11-1　预制混凝土剪力墙底部

二、施工准备

结合实际工程的施工图，在人员配置、施工工具和材料、技术等方面进行准备。

（一）主要施工工具参见表11-1。

施工工具表

表 11-1

名　称	用　途
水枪	湿润接触面
灌浆机器	用于向墙体灌浆
电源线	给注浆机和电钻供电
电子秤	称水和注浆料
塑料水桶	称水、称注浆料、装垃圾用
大铁桶	装水
小铁桶	搅拌注浆料
搅拌器	搅拌注浆料
量杯	盛水、试验流动度
平板	试验流动度
小铁锹	铲灌浆料、铲垃圾
木头塞(暂用)	堵注浆孔
铁锤	把木头塞打进注浆孔
灌浆料	灌浆原料
坍落度筒	流动度试验用
剪刀	剪注浆袋用
扫帚	清扫地面

注浆时采用压力注浆，压力在1.0~2.5MPa之间（当压力达到2.5MPa时灌浆机关闭待压力回归1.0MPa以下时再开机进行注浆）。注浆料由注浆孔注入，由排气孔溢出视为该孔注浆完成。

（二）人员配置

一般情况下，一个工作班组可按8人配置，具体人员分配为计量1人、搅拌1人、注浆操作2人、封堵2人、杂工2人。

图11-2　灌浆料

三、施工方法

（一）灌浆施工流程

一般情况下，注浆施工流程可参考以下流程图进行：

清理注浆孔→墙体（柱）周边封堵→拌制注浆料→注浆→封堵

（二）注浆

1. 注浆前需要做好以下准备工作：

1）准备好材料和工具：已称重的注浆干料、拌和用水、浆料搅拌容器、称重设备、流动度碗、注浆料搅拌工具、坐浆料砂浆搅拌机、橡胶堵头、注浆机、注浆用胶枪等。如图11-2、图11-3、图11-4所示。

名称	冲击转式砂浆搅拌机	电子秤、刻度杯	测温计	搅拌桶
主要参数	功率:2100~1400W; 转速:0~800rpm可调; 电压:单相220V/50Hz; 搅拌头:片状或圆形花栏	称量程:30~50kg 感量精度:0.01kg 刻度杯:2L、5L	—	φ300＊H400, 30L,平底筒 最好不锈钢制
用途	浆料搅拌	精确称量干料及水	测环境温度及浆温	搅拌浆料
图片	33cm 25cm 60cm 87cm			

图11-3　拌制灌浆料用工具

2）计量

根据灌浆料说明书的要求采用电子秤（电子秤的感量精度为0.01kg）、采用刻度杯进行水计量。

3）搅拌：先向桶内加入拌和用水量80%的水，然后逐渐向桶内加入注浆料，开动搅拌机搅拌3~4min，至浆料黏稠无颗粒。加入剩余20%的水搅拌1min，搅拌完成后应静置1~2min，待气泡排除后进行浆料流动度测试并做记录。要求注浆料流动度≥200mm，半小时流动度≥150mm为合格，如图11-5、图11-6所示。

检测项目	工具名称	规格参数	照片
流动度检测	圆截锥试模	上口×下口×高 $\phi70mm\times\phi100mm\times60mm$	
	钢化玻璃板	长×宽×厚 $500mm\times500mm\times6mm$	
抗压强度检测	试块试模	长×宽×厚 $40mm\times40mm\times160mm$ 三联	

图 11-4　检测工具

图 11-5　流动测试仪

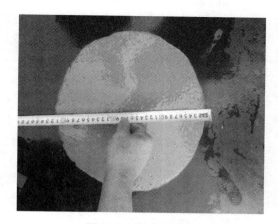

图 11-6　流动度测试

2. 手动注浆

手动注浆工序：

（1）在注浆用胶枪内衬入一个塑料袋，把搅拌合格的浆料倒入塑料袋，盖上枪嘴并拧紧。

（2）把枪嘴对准套筒下部的注浆孔胶管，连续扣动胶枪注入注浆量，直至溢浆孔出浆时停枪。

（3）用橡胶塞封堵溢浆孔，并保证封堵不会漏气。

（4）拔出胶枪嘴，并用橡胶塞快速封堵注浆孔，并应观察确保不漏浆。

（5）注浆完成并及时清理干净现场，如图 11-7 所示。

3. 机械注浆

4. 注浆设备的清理

注浆施工完毕后要用清水及时清理注浆机内的残留注浆料，防止在注浆管内凝固，影响下次注浆作业。

图 11-7　封堵及清理

四、质量控制要点

在注浆施工的过程中，质量控制主要有以下三个方面：

（一）构件连接部位处理和安装

安装前检查构件连接钢筋的规格、长度、表面状况、轴心位置均符合设计要求；检查预制构件内连接套筒灌浆腔、灌浆和排浆孔道中有无异物的存在；清除构件连接部位混凝土表面的异物和积水，必要时将干燥的混凝土结合面进行湿润；在构件下方水平连接面预先放置高强度支撑片，确保连接灌浆腔最小间隙；构件安装时所有连接钢筋插入套筒的深度达到设计要求，构件位置坐标正确后再固定。

（二）灌浆部位预处理和密封质量

预制剪力墙、柱要用有密封功能的坐浆料或其他密封材料对构件拼缝连接面四周进行封堵，必要时用木枋、型钢等压在密封材料外做支撑；填塞密封材料时不得堵塞套筒下方进浆口；尺寸大的墙体连接面采用密封砂浆作为分仓隔断。

（三）灌浆料的加工制作

进入施工现场的灌浆料应进行复检，合格后方可使用；灌浆料应妥善保管，防止受潮。

灌浆料宜在 5～30℃ 之间使用，低于 5℃ 应采取有效的升温措施进行施工；灌浆料拌制后应在 30min 使用完毕；灌浆料流动度应满足灌浆作业要求使用。

第二节　构件节点施工

装配式建筑工程节点施工主要包括构件水平连接处和边缘约束构件钢筋绑扎、模板（支撑）的支设与后浇混凝土施工，其主要施工方法同现浇混凝土结构。本节主要介绍装配式建筑的特殊施工要求。

一、纵向构件吊装以及竖向构件校正

竖向构件吊装以及竖向构件校正过程中，需要根据抄测的标高控制线的要求，在竖向构件安装部位设置相关的垫片进行找平。在找平过程中垫片厚度需根据水平抄测获得的数据来确定。在校正过程中，使用塔式起重机进行建筑物的竖向构件吊装，并将构件下口套筒与预留钢筋进行插接，然后根据墙柱定位线用撬棍等工具将墙柱的根部进行就位，准确安装了相应的构件就位后，立即安装斜向支撑固定部件，并且调节支撑上的可调螺栓来进行垂直度校正，在安装过程中，一块墙板构件至少需要安装两根斜向支撑。

二、支撑架的设置

预制构件垂直落在准确的位置后使用激光水准仪复核水平是否偏差，无误差后，利用预制墙板上的预埋螺栓和地面后置膨胀螺栓（将膨胀螺栓在环氧树脂内蘸一下，立即打入地面）安装斜支撑，用 2m 检测尺检测预制墙体垂直度及复测墙顶标高后，方可松开吊钩，利用斜撑杆调节好墙体的垂直度（注：在调节斜撑杆时必须两名工人同时间、同方向进行操作，分别调节两根斜撑杆）；调节斜撑杆完毕后，再次校核墙体的水平位置和标高、垂直度，相邻墙体的平整度，如图 11-8 所示。

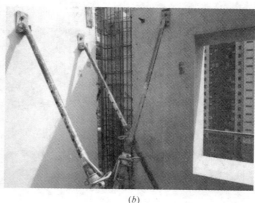

(a)

(b)

图 11-8 预制墙板安装
（a）墙板垂直校核；（b）支撑安装完毕

三、构件节点钢筋绑扎以及叠合板钢筋绑扎

在全预制装配整体式剪力墙结构的建造过程中，在预制构件吊装就位以后，需要根据结构设计的相关图纸，绑扎剪力墙垂直连接节点、梁、板连接节点钢筋。

（一）在钢筋绑扎之前，首先应先校正预留锚筋、箍筋的位置和箍筋弯钩角度。此外，剪力墙与受力钢筋和节点暗柱垂直连接，并采用搭接绑扎方式，其搭接实际长度应符合规范及相关要求，如图 11-9 所示。

（二）在绑扎纵向受力的暗梁时，可采取帮条单面焊接方式。在具体的焊接过程当中应当及时进行清查，平缓过渡焊缝余高，并且应当填满弧坑。必要时还可以选取分层流水焊接方法或者间隔流水焊接方式。在绑扎暗梁钢筋时，应当将上排纵向受力钢筋穿入箍筋内部，并且位于次梁及主梁钢筋交叉处，此外还应使次梁钢筋位于上部，主梁钢筋位于下部，如图 11-10、图 11-11 所示。

图 11-9 节点钢筋连接图

图 11-10 节点钢筋加固

（三）绑扎楼梯节点钢筋时，应分别搭接绑扎支座处锚筋和楼梯处锚筋两部分，并且搭接长度应当与相关要求及规范，同时必须确保负弯矩钢筋具有有效的高度。

图 11-11　叠合板预留洞口钢筋加固

四、节点模板安装以及叠合板混凝土浇筑

（一）节点模板安装

节点模板安装之前，可在模板支设处楼面、模板与结构面结合处粘贴30mm宽的双面胶带固定，并用对拉螺栓进行紧固，对拉螺栓外部需要套上塑料管来保护，在塑料管两端以及模板接触处需要分别加设塑料帽和海绵止水垫来进行防水处理，如图11-12所示。

1. 技术要求

对拉螺栓间的距离小于800mm，而且上端对拉螺栓与上端模板上口间的距离不应大于400mm，同时应使下端对拉螺栓和模板下口之间的距离不大于200mm。及时清除叠合面和模板中的垃圾。

浇水湿润。在将一些构件的表面清理完毕以后，应当在浇筑混凝土之前的24h对叠合面以及相关节点进行全面的浇水润湿，应当注意的是，在浇筑之前的1h应当把所有积水清理干净。

图 11-12　模板支设图

图 11-13　混凝土叠合后效果

2. 混凝土浇筑

在对节点进行混凝土浇筑的同时，应当使用插入式振捣棒加以振捣，并且在用混凝土对叠合板进行浇筑时，应当使用平板振动器来对其进行必要的振捣，并保证混凝土振捣的密实。

叠合板进行浇筑之后的12h以内，应做好相应的覆盖浇水养护工作，若外界气温低于5℃，则需要采用覆膜和毛毡加以养护，并且养护时间应满足规范及相关要求，如图11-13、图11-14所示。

图 11-14　混凝土浇筑后效果

第三节　水电暖预留洞管布设

装配整体式混凝土结构水电暖管（线）、预留洞预埋与传统现浇结构相比较，其大部分提前到预制构件生产过程中完成，施工现场只是在预制构件混凝土叠合层上布设部分管线。预留孔、洞的施工视装配率不同主要有卫生间、厨房部分烟道、给排水管道立管以及消防管道的设置，其他电梯井、管道井的设置同现浇结构。

一、电（强、弱电）管线的敷设与连接

（一）一般要求

1. 要熟悉掌握电气等专业图纸及结构图纸中预制和现浇工程，划分需预埋电气管线的工作，做好现浇部分电盒、电管的预埋，该分项工程按照土建进度同步进行。

2. 线管和箱盒开口处用木屑和发泡塑料填塞并用封口胶封堵密实，防止水泥浆及灰渣进入，造成管路堵塞。

3. 穿越楼板的管道应设置防水套管，其高度应高出装饰地面 20mm（有防水要求的房间 50mm）以上，套管与管道间用密封材料嵌实。

4. 水平管道在下降楼板上可采用同层排水措施时，楼板、楼面应采用双层防水设防。对于可能出现的管道渗水，应有密闭措施，且宜在贴邻下降楼板上表面处设泄水管，宜采取增设独立的泄水立管的措施。

5. 预埋结束后，需及时核对，确认无误后，报请相关单位负责人进行隐蔽工程验收。

（二）敷设办法

1. 配管时，埋入混凝土内的金属管内壁应做防腐处理。暗配金属管采用套管连接时，管口应对准在套管心并焊接严密，套管长度不得小于金属管外径的 2.2 倍，管进箱盒必须焊接跨接地线，焊接长度不应小于圆钢直径的 6 倍，并必须两面施焊，金属管进配电箱、盒采用丝扣锁母固定时，应焊接跨接地线，如采用焊接法，但只宜在管孔四周点焊 3～5 处，烧焊处必须做好防腐处理，如图 11-15 所示。

图 11-15　线管固定

2. 金属管暗敷在钢筋混凝土中，先关宜与钢筋绑扎固定，线管严禁与钢筋主筋焊接固定。

3. 阻燃 PVC 管敷设

（1）采用阻燃 PVC 管暗敷时，其管线与箱盒、配件的材质均宜使用配套的制品。

（2）PVC 管关口应平整、光滑；管与管、管与盒（箱）等器件应用插入法连接；连接处结合面应涂专用胶粘剂，接口应牢固密封。

（3）植埋于地下或楼板内的 PVC 管，在露出地面时易受机械损伤的部分，应采取保护措施。

（4）暗敷在混凝土内的管子，离表面的净距不应小于15mm，为了减少线管的弯曲，线路宜沿最近的路线敷设，其弯曲处不应折皱，弯曲程度不应大于管外径的10％，其明配时弯曲半径不应小于外径的6倍；暗敷在混凝土内其弯曲半径不小于管径的10倍。线管超过表11-2中允许最大长度，需加过线盒。

电管弯曲允许最大长度 表11-2

序　号	电管弯曲数量	电管允许最大长度(m)
1	无弯曲	30
2	1个弯曲	20
3	2个弯曲	15
4	3个弯曲	8

（5）PVC管切割方法：先将弹簧插入管内，两手用力慢慢弯曲管子，考虑到管子的回弹，弯曲角度要稍过一些。

（6）PVC管连接方法：将管子清理干净，在管子接头表面均匀刷一层PVC胶水后，立即将刷好胶水的管头插入接头内，不要扭转，保持约15s不动即可以贴牢。

二、给排水管的敷设

装配式建筑中，给排水管道的敷设施工方法与现浇混凝土一致。

三、预留孔洞施工

（一）一般要求

在土建工种施工过程中，水电安装应与土建配合进行管道、竖井、管道井等入户、穿墙、穿楼板的孔洞预留，保证预留孔洞的质量进而保证结构验收，确保今后安装施工顺利进行。

（二）施工工艺

预留前，要认真熟悉施工图纸，熟悉系统的原理和技术要求，对照安装和土建结构图，确定预留孔洞的尺寸位置。根据预留孔洞的大小和形状制作相应的预留木框和钢套管，指定专人在土建工种钢筋绑扎完成后支模前按照图纸要求的尺寸位置进行预留。

1. 由水电技术员复核尺寸和位置，确认无误后，方可通知土建合模。

2. 在土建工种支模及浇筑混凝土时，必须有专人监护，以防预留孔洞移位或损坏等。

3. 预埋上下层预留孔洞时，中心线应垂直，预留的木框拆模后留在墙体内，钢制管待混凝土稍凝固时需细心拔出钢管，把握好拔管时间，保证预留孔洞的光滑和成型。

4. 拆模后，组织操作员和施工员复核预留孔洞的尺寸，并做好记录，对不合格的孔洞，需提出处理的方法和意见，待批准后实施。

（三）控制措施

1. 一般孔洞预留

结构施工过程中，确定专人跟踪配合，待土建施工到预留孔洞位置时，立即按水电留孔图给定的穿管坐标和标高，在模板上作出标记。在土建绑扎钢筋时，将事先做好的模具中心对准标记进行模具的固定安装，并考虑方便拆除临时模具。当遇有较大的孔洞、模具与多根钢筋相碰时，与土建专业协商，采取相应的措施后再安装固定，如图11-16、图

11-17 所示。

2. 卫生间孔洞预留

卫生间内各种水管孔洞预留是工程重点，对于卫生间洁具的排水预留洞，必须根据本工程确定使用的卫生洁具的安装尺寸、墙体的厚度及坐标轴线，确定预留洞的位置后预埋。孔洞的尺寸可适当放大一些，为防止洁具型号确定后，洁具安装要求与孔洞的预留存在偏差时，尽量减少楼板开洞的面积。

图 11-16　预留洞口模具

图 11-17　现浇面洞口模具实景

第四节　外墙体接缝防水及密封施工

装配整体式混凝土结构由于采用大量现场拼装的构配件会留下较多的拼装接缝，这些接缝很容易成为水流渗透的通道，从而对外墙防水提出了很高的要求。

装配式结构外墙接缝防水主要分为两种形式，一种是靠设计进行构造防水，一种是进行材料防水，从而达到防止出现外墙渗漏的问题。本节重点就以上两种形式介绍预制混凝土外墙防水及密封施工。

一、装配式建筑外墙构造防水

（一）构造防水形式

1. 预制外墙板外侧排水空腔及打胶，内侧依赖现浇部分混凝土自防水的接缝方式。

这种外墙板接缝防水形式是目前运用最多的一种形式，它的优点是施工比较简易，速度快；缺点是防水质量难以控制，空腔堵塞情况时有发生，一旦内侧混凝土发生开裂直接导致墙板防水失败。

2. 封闭式防水

这种墙板防水形式主要有三道防水措施，最外侧采用高弹力的耐候防水硅胶，中间部分为物理空腔形成的减压空间，内侧使用预嵌在混凝土中的防水橡胶条上下互相压紧来起到防水效果，在墙面之间的十字接头处在橡胶止水带之外再增加一道聚氨酯防水，其主要作用是利用聚氨酯良好的弹性封堵橡胶止水带相互错动可能产生的细微缝隙，对于防水要求特别高的房间或建筑，可以在橡胶止水带内侧全面施工聚氨酯防水，以增强防水的可靠性。每隔 3 层左右的距离在外墙防水硅胶上设一处排水管，可有效地将渗入减压空间的雨水引导到室外。

封闭式线防水的防水构造采用了内外三道防水，疏堵相结合的办法，其防水构造是非常完善的，因此防水效果也非常好，缺点是施工时精度要求非常高，墙板错位不能大于5mm，否则无法压紧止水橡胶条；采用的耐候防水胶的性能要求比较高，不仅要有高弹性耐老化，同时使用寿命要求不低于20年，成本较高，结构胶施工时的质量要求比较高，必须由富有经验的专业施工团队负责操作。

3. 开放式防水

这种防水形式与封闭式线防水在内侧的两道防水措施即企口型的减压空间以及内侧的压密式的防水橡胶条是基本相同的，但是在墙板外侧的防水措施上，开放式线防水不采用打胶的形式，而是采用一端预埋在墙板内，另一端伸出墙板外的幕帘状橡胶条上下相互搭接来起到防水作用，同时外侧的橡胶条间隔一定距离设置不锈钢导气槽，同时起到平衡内外气压和排水的作用。

开放式线防水形式最外侧的防水采用了预埋的橡胶条，产品质量更容易控制和检验，施工时工人无需在墙板外侧打胶，省去了脚手架或者吊篮等施工措施，更加安全简便，缺点是对产品保护要求较高，预埋橡胶条一旦损坏，更换困难，耐候性的橡胶止水条成本也比较高。开放式线防水是目前外墙防水接缝处理形式中最为先进的形式，但其是一项由国外公司研发的专利技术，受专利使用费用的影响，目前国内使用这项技术的项目还非常少。

（二）构造防水施工

1. 施工准备

主要材料：视设计不同材料主要有聚乙烯泡沫塑料、107胶、塑料管、水泥、中砂、防水油膏、防水涂料等。

主要机具：手锯、裁刀、剪刀、直尺、刮刀、电阻丝切割器、电炉、熬沥青桶、淋水花管、胶皮管子。

2. 操作工艺

（1）操作流程

做立缝防水→做平缝防水→做十字缝防水→淋水试验

（2）具体做法

平缝防水：

平缝的防水效果主要取决于外墙板的安装质量。因此，外墙板就位后要达到上下两板垂直平整，垫块高度合适。做好披水、挡水台的保护，保证平腔完整、平直和畅通，将平腔内塞入防水卷材后，外面再勾上水泥砂浆。防水卷材作为勾缝砂浆的底模，勾缝时用力要均匀，不宜过大，防止将防水卷材推到里面去堵塞空腔。

当披水与挡水台干碰或之间用漏浆堵塞严无法剔去时，此种缝应全部内填防水油膏或胶泥，外勾水泥砂浆。当平缝过宽或披水损坏，披水向里错台过大时，要在缝内先塞"6"字或"8"字形防水卷材，外勾水泥砂浆。

二、材料防水

（一）材料要求

外墙接缝材料防水密封对密封材料的性能有一定要求。用于板缝材料防水的合成高分子材料，主要品种有硅酮密封膏、聚硫建筑密封膏、丙烯酸酯建筑密封膏、聚氨酯建筑密封膏等几种。主要性能要求如下：

1. 较强粘结性能

与基层粘结牢固，使构件接缝形成连续防水层。同时要求密封膏用于竖缝部位时不下垂，用于平缝时能够自流平。

2. 良好的弹塑性

由于外界环境因素的影响，外墙接缝会随之发生变化，这就要求防水密封材料必须有良好的弹塑性，以适应外力的条件而不发生断裂、脱落等。

3. 较强的耐老化性能

外墙接缝材料要承受暴晒、风雪及空气中酸碱的侵蚀。这就要求密封材料用于良好的耐候性、耐腐蚀性。

4. 施工性能

要求密封胶有一定的储存稳定性，在一定期内不应发生固化，便于施工。

5. 装饰性能

防水密封材料还应具有一定的色彩，达到与建筑外装饰的一致性。

（二）施工准备

1. 主要材料：密封膏、聚乙烯泡沫板、橡胶棒、泡沫条等。

2. 主要机具：胶枪、毛刷、抹光机等，清理工具如图 11-18 所示。

图 11-18　清理工具

（三）施工工序

水平、竖向缝基层清理→缝宽调整→A 级不燃岩棉填充→发泡聚乙烯塑料棒填塞施工→密封胶施工

1. 基层清理：

（1）用人工将外墙水平、竖向缝内的海绵胶条清除。

（2）用长毛刷将缝内的垃圾清扫干净，或者真空吸尘器清洁基材表面上由于打磨而残留的灰尘、杂质等，从而得到一个干净、干燥和结构均一的基面。

2. 缝宽调整：将外墙水平、竖向缝分别用水准仪、经纬仪将水平控制线（水平缝的上部 20cm）及竖向控制线（每条竖向缝的一侧 20cm）打出，并弹线。用角磨机将缝宽小于 2cm 的缝隙切割至 2cm，缝宽大于 2cm 的，用角磨机将墙板边缘打磨平整并清理干净，如图 11-19、图 11-20 所示。

图 11-19　基层清理

图 11-20　边缘打磨

3. A 级不燃岩棉填充施工：外墙水平、竖向缝内保温材料的接缝处，先塞入 A 级不燃保温材料岩棉，岩棉施工工艺要求密实。

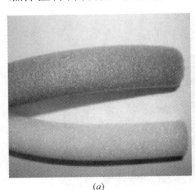
(a)

(b)

(c)

图 11-21　发泡聚乙烯塑料棒施工
(a) 填缝材料；(b) 放置填充材料；(c) 填充物施工完毕效果

4. 发泡聚乙烯塑料棒施工：

填塞材料为：发泡聚乙烯塑料棒，胶棒应通长，需要搭接处应 45°搭接，用胶粘接牢固。填塞聚乙烯塑料棒，要求聚乙烯塑料棒距外墙八字角内侧 1cm，填塞材料安置完毕之后，用美纹纸胶带遮盖接缝边缘。缝宽大于 2cm 的塞入比同等缝宽＞1cm 的发泡聚乙烯塑料棒。发泡聚乙烯塑料棒施工如图 11-21 所示。

5. 填塞材料放置完毕后，接缝四周边缘贴上美纹胶带（美纹胶带宽度为 2cm）；根据填缝的宽度，45°角切割胶嘴至合适的口径。将密封胶置入胶枪中，尽量将胶嘴探到接缝底部，保持合适的速度，连续打足够的密封胶，避免胶体和胶条下产生空腔；并确保密封胶与粘接面结合良好，保证设计好的宽深比；当接缝大于 30mm 时，宜采用二次填缝。二次填缝即第一次填充的密封胶完毕后，再进行第二次填充；为保证施工质量竖缝打胶到板缝十字交叉处，打水平缝两边各 30cm，再继续打竖向缝。

6. 密封胶施工完成后，用压舌棒或其他工具将接缝外多出的密封胶刮平压实，使密

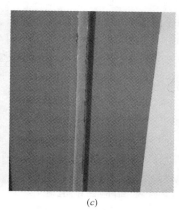

图 11-22　密封胶施工

(a) 密封胶施工；(b) 密封胶压实；(c) 缝隙施工效果

封胶与粘接面充分接触。修整胶面的过程可使密封胶与接缝边缘和聚氨酯塑料棒结合得紧密，并且能避免气泡和空腔的产生；禁止来回反复刮胶动作，保持刮胶工具干净；密封胶应与墙板牢固粘结，不得漏嵌和虚粘，如图 11-22 所示。

7. 施工时注胶缝应均匀，横、竖缝顺直、饱满、密实，十字接缝处理干净、利落，八字清晰，表面应光滑，不应有裂缝现象。待密封胶充分凝固后撕去保护胶带。

（四）外墙防水砂浆施工

1. 砂浆防水层分格缝的密封处理应在防水砂浆达到设计强度的 80% 后进行，密封前应将分格缝清理干净，密封材料应嵌填密实。

2. 砂浆防水层转角宜抹成圆弧形，圆弧半径应不小于 5mm，转角抹压应顺直。

3. 门窗框、管道、预埋件等与防水层相接处应留 8～10mm 宽的凹槽，做密封处理。

第十二章　装配整体式混凝土结构安装质量控制及验收

第一节　构件进场检验

一、结构性能检验

（一）预制混凝土构件应根据设计和规范要求，按照下列规定进行结构性能检验。

1. 预制混凝土构件和允许出现裂缝的预应力混凝土构件进行承载力、挠度和裂缝宽度检验。

2. 对不允许出现裂缝的预应力混凝土构件进行承载力、挠度和抗裂检验。

3. 预应力混凝土构件中的非预应力杆件按钢筋混凝土构件的要求进行检验。

4. 对设计成熟、生产数量较少的大型构件，当采取加强材料和制作质量检验的措施时，可仅作挠度、抗裂或裂缝宽度检验；当采取上述措施并有可靠的实践经验时，可不作结构性能检验。

5. 加强材料和制作质量检验的措施包括下列内容：

（1）钢筋进场检验合格后，在使用前在对用作构件受力主筋的同批钢筋按不超过 5t 抽取一组试件，并经检验合格；对经逐盘检验的预应力钢筋，可不再抽样检查。

（2）受力主筋焊接接头的力学性能，应按现行行业标准《钢筋焊接及验收规程》JGJ 18 检验合格后，再抽取一组试件，并经检验合格。

（3）混凝土按 5m³ 且不超过半个工作班生产的相同配合比的混凝土，留置一组试件，并经检验合格。

（4）受力主筋焊接接头的外观质量，入模后的主筋保护层厚度、张拉预应力总值和构件的截面尺寸等，应逐件检验合格。

（二）检验要求

对成批生产的构件，应按同一工艺正常生产的不超过 1000 件且不超过 3 个月的同类型产品为一批。当连续检验 10 批且每批的结构性能检验结果均符合规定的要求时，对同一工艺正常生产的构件，可改为不超过 2000 件且不超过 3 个月的同类型产品为一批。在每批中应随机抽取一个构件作为试件进行检验。其中"同类型产品"是指同一钢种、同一混凝土强度等级、统一生产工艺和同一结构形式的构件。对同类型产品进行抽样检验时，试件宜从设计荷载最大，受力最不利或生产数量最多的构件中抽取。对同类型的其他产品，也应定期进行抽样检验。

（三）预制混凝土构件结构性能检验结果应按照现行国家标准《混凝土结构工程施工质量验收规范》GB50204 进行评定。

（四）预制混凝土构件混凝土强度应按现行国家标准《混凝土强度检验评定标准》GB/T 50107 的规定分批检验评定。

二、预制构件质量标准

（一）主控项目

主控项目应符合表 12-1 的要求。

主控项目内容及验收要求

表 12-1

项目内容	验收要求	验收方法
构件标志和预埋件等	预制构件应在明显部位标明生产单位、构件型号、生产日期和质量验收标准。构件上的预埋件、插筋和预留孔洞的规格、位置和数量应符合标准图或设计的要求	检查数量：全数检查 检验方法：观察
外观质量严重缺陷处理	预制构件的外观不应有严重缺陷。对已经出现的严重缺陷，应按技术处理方案进行处理，并重新检查验收	检查数量：全数检查 检验方法：观察，检查技术处理方案
过大尺寸偏差处理	预制构件不应有影响结构性能和安装、使用功能的尺寸偏差。对超过尺寸允许偏差且影响结构性能和安装、使用功能的部位，应按技术处理方案进行处理，并重新检查验收	检查数量：全数检查 检验方法：测量，检查技术处理方案

（二）一般项目

一般项目应符合表 12-2 的要求。

一般项目内容及验收要求

表 12-2

项目内容	验收要求	验收方法
外观质量一般缺陷处理	预制构件的外观质量不宜有一般缺陷。对已经出现的一般缺陷，应按技术处理方案进行处理，并重新检查验收	检查数量：全数检查 检验方法：观察，检查技术处理方案
预制构件尺寸允许偏差	预制构件的尺寸允许偏差应符合表 6-12 的规定	检查数量：同一工作班生产的同类型构件，抽查 5% 且不少于 3 件

三、外观与尺寸检验

（一）构件上预留钢筋、连接套管、预埋件和预留孔洞的规格、数量应符合设计要求，位置偏差应满足本书第六章第六节表 6-12 的规定。严格对照构件制作图和变更图进行观察、测量。

（二）预制混凝土构件外观质量不宜有一般缺陷，外观质量应符合本书第六章第六节表 6-11 的规定，对于已经出现的一般缺陷，应按技术处理方案进行处理，并重新检查验收。

（三）预制混凝土构件外形尺寸允许偏差应符合本书第六章第六节表 6-12 的规定。同一工作班生产的同类型构件，经全数自检、互检合格后，专检抽检不应少于 30%，且不少于 5 件。采用钢尺、靠尺、调平尺、保护层厚度测定仪检查。

四、装配整体式混凝土结构施工质量标准

（一）主控项目

主控项目应符合表 12-3 的要求，相应规范条文见《混凝土结构工程施工质量验收规范》GB 50205—2015 第九章相关条款。

主控项目内容及验收要求　　　　　　　　　　　　表 12-3

项目内容	规范条款	验收要求	验收方法
预制构件进场检验	第9.4.1条	进入现场的预制构件,其外观质量、尺寸偏差及结构性能应符合标准图或设计要求	检查数量:按批检查 检验方法:检查构件合格证
预制构件的连接	第9.4.2条	预制构件与结构之间的连接应符合设计要求,连接处钢筋或预埋件采用焊接或机械连接时,接头质量应符合现行国家标准《钢筋焊接及验收规程》JGJ 18、《钢筋机械连接通用技术规程》JGJ 17 的要求	检查数量:全数检查 检验方法:观察,检查施工记录
接头和拼缝的混凝土强度	第9.4.3条	承受内力的接头和拼缝,当其混凝土强度未达到设计要求时,不得吊装上一层结构构件;当设计无具体要求时,应在混凝土强度不小于 10N/mm² 或具有足够的支撑时方可安装上一层结构构件; 已安装完毕的装配式结构,应在混凝土强度达到设计要求后,方可承受全部设计荷载	检查数量:全数检查 检验方法:检查施工记录及时间强度试验报告

（二）一般项目

一般项目应符合表 12-4 的要相应规范条文见《混凝土结构工程施工质量验收规范》GB 50205—2015 第九章相关条款。

一般项目内容及验收要求　　　　　　　　　　　　表 12-4

项目内容	规范条款	验收要求	验收方法
预制构件支承位置和方法	第9.4.4条	预制构件码放和运输时的支撑位置和方法应符合标准图纸设计的要求	检查数量:全数检查 检验方法:观察检查
安装控制标志	第9.4.5条	预制构件吊装前,应按设计要求在构件和相应的支承结构上标志中心线、标高等控制尺寸,按标准图或设计文件校核预埋件及连接钢筋等,并作出标志	检查数量:全数检查 检验方法:观察,钢尺检查
预制构件吊装	第9.4.6条	预制构件应按标准图或设计的要求吊装。起吊时绳索与构件水平面的夹角不宜小于 45°,否则应采用吊架或经验算确定	检查数量:全数检查 检验方法:观察检查
临时固定措施和位置校正	第9.4.7条	预制构件安装就位后,应采取保证构件稳定的临时固定措施,并应根据水准点和轴线校正位置	检查数量:全数检查 检验方法:观察,钢尺检查
接头和拼缝的质量要求	第9.4.8条	装配式结构中的接头和拼缝应符合设计要求;当设计无具体要求时,应符合下列规定: (1)对承受内力的接头和拼缝应采用混凝土浇筑,其强度等级应比构件混凝土强度等级提高一级 (2)对不承受内力的接头和拼缝应采用混凝土或砂浆浇筑,其强度等级不应小于 C15 或 M15 (3)用于接头和拼缝的混凝土或砂浆,宜采取微膨胀措施和快硬措施,在浇筑过程中应振捣密实,并应采取必要的养护措施	检查数量:全数检查 检验方法:检查施工记录及试件强度试验报告

第二节　构件就位检验

构件吊装定位后应分别针对构件放置与轴线位置偏差,构件标高、垂直度、倾斜度、搁置长度进行检查，还要对支座、支垫位置和相邻墙板接缝进行检查，具体检查方法和允许偏差数值见表 12-5，但存在个别超过允许偏差两倍以上构件需返工重做。

构件就位检验表   表 12-5

项 目			允许偏差（mm）	检验方法
构件中心线对轴线位置	基础		15	尺量检查
	竖向构件（柱、墙板、桁架）		10	
	水平构件（梁、板）		±5	
构件标高	梁、板底面或顶面		±5	水准仪或尺量检查
	柱、墙板顶面		3	
构件垂直度	柱、墙板	＜5m	5	经纬仪量测
		≥5m 且≤10m	10	
		≥10m	20	
构件倾斜度	梁、桁架		5	垂线、钢尺检查
相邻构件平整度	板端面		5	钢尺、塞尺量测
	梁、板下表面	抹灰	3	
		不抹灰	5	
	柱、墙板侧面	外露	5	
		不外露	10	
构件搁置长度	梁、板		±10	尺量检查
支座、支垫中心位置	板、梁、柱、墙板、桁架		±10	尺量检查
接缝宽度			±5	尺量检查

第三节　灌浆及连接检验

一、灌浆料拌合

1. 按使用说明书的要求计量灌浆料和水的用量，拌合用水应符合现行行业标准《混凝土用水标准》JGJ 63 的有关规定。

2. 采用电动设备搅拌充分、均匀，宜静置 2min 后使用。

3. 每工作班应检查灌浆料拌合物初始流动度不少于一次，指标应符合初始流动度不小于 300mm，30min 后不小于 260mm。

二、竖向钢筋的灌浆操作

1. 灌浆操作在专职检验人员旁站监督下及时形成施工质量检查记录。

2. 环境温度应符合灌浆料产品使用说明书要求；环境温度低于 5℃时不宜施工。

3. 竖向构件宜用连通腔灌浆，对墙类构件，分段实施。

4. 竖向构件灌浆作业采用压浆法，即从灌浆套筒下灌浆孔灌注，当浆料从构件其他灌浆孔、出浆孔流出后应及时封堵。

5. 灌浆料应在加水后 30min 内用完。

6. 散落的灌浆料拌合物不得二次使用，剩余的拌合物不得再次添加灌浆料、水后混合使用。

7. 当在大气温度较低的情况下灌浆时，采取加热保温措施，使结构构件灌浆套筒内的温度达到产品使用书要求。

8. 压浆法灌浆有机械、手工两种常用方式。机械灌浆的灌浆压力、灌浆速度可根据现场施工条件确定。

9. 当灌浆施工出现无法出浆的情况时，要查明原因并及时采取措施。具备条件时，可将构件吊起后冲洗灌浆套筒后重新安装、灌浆。

10. 对于未密实饱满的灌浆套筒采取可靠措施从灌浆孔或出浆孔补灌。当需要补灌时，对于灌浆套筒完全没有充满的情况，应首选在灌浆孔补灌。

11. 灌浆料强度达到规定强度，按照专职技术负责人的指令拆除预制构件的临时支撑，进行上部结构吊装与施工。

三、水平钢筋的灌浆操作

预制构件的钢筋连接宜采用全灌浆套筒，非预制构件的钢筋连接可采用全灌浆套筒或半灌浆套筒。

（一）施工前连接钢筋、灌浆套筒应满足以下要求：

1. 检查连接钢筋的外表面应标记插入灌浆套筒最小长度的标志，标志位置应准确、颜色应清晰；

2. 检查两件构件上每对连接钢筋的轴线偏差应符合套筒产品设计要求，且不应大于5mm；

3. 在与既有混凝土结构相接的现浇结构中，检查连接钢筋或灌浆套筒上保证连接钢筋同轴的装置或相关措施；

4. 检查灌浆套筒与钢筋之间防止灌浆料从套筒和钢筋的间隙泄漏的措施。

（二）灌浆施工：

1. 检查筒的灌浆、出浆孔是否在套筒水平轴正上方±45°的范围内；

2. 灌浆料拌合物从套筒一端的灌浆孔注入，从另一端出浆孔流出后，方可停止灌浆；

3. 停止灌浆后，应观察半分钟，套筒灌浆、出浆孔内的灌浆料拌合物均需高于套筒外表面最高位置；

4. 停止灌浆后，如发现灌浆料拌合物下降，检查套筒的密封胶或灌浆料拌合物排气情况，并采取相应措施。如灌浆料拌合物已低于套筒外表面的最高位置时，应及时联系专职技术负责人采取有效的补救措施。

第四节　接缝防水处理检验

一、预制外墙接缝防水的主要形式

（一）外侧排水空腔及打胶，内侧由现浇部分混凝土自防水的形式。

（二）封闭式线防水

最外侧采用高弹力的耐候防水硅胶，中间部分为物理空腔形成的减压空间，内侧使用预嵌在混凝土中的防水橡胶条上下互相压紧来起到防水效果，在墙面之间的十字接头处在橡胶止水带之外再增加一道聚氨酯防水，每隔3层左右的距离在外墙防水硅胶上设一处排水管，可有效地将渗入减压空间的雨水引导到室外。

（三）开放式线防水

开放式线防水不采用打胶的形式，而是采用一端预埋在墙板内，另一端伸出墙板外的幕帘状橡胶条上下相互搭接来起到防水作用。

二、预制外墙板接缝防水处理的检验要点

（一）墙板施工前做好产品的质量检查

预制墙板的加工精度和混凝土养护质量直接影响墙板的安装精度和防水情况，墙板安装前复核墙板的几何尺寸和平整度情况，检查墙板表面以及预埋窗框周围的混凝土是否密实，是否存在贯通裂缝，混凝土质量不合格的墙板严禁使用。

检查墙板周边的预埋橡胶条的安装质量，检查橡胶条是否预嵌牢固，转角部位是否有破损的情况，是否有混凝土浆液漏进橡胶条内部造成橡胶条变硬失去弹性，橡胶条必须严格检查确保无瑕疵，有质量问题必须更换后方可进行吊装。

（二）墙板接缝防水施工质量检查

1. 基底层和预留空腔内必须使用高压空气清理干净。

打胶前背衬深度要认真检查，打胶厚度必须符合设计要求，打胶部位的墙板要用底涂处理增强胶与混凝土墙板之间的粘结力，打胶中断时要留好施工缝，施工缝内高外低，互相搭接不能少于 5cm。

2. 墙板内侧的连接铁件和十字接缝部位使用打聚氨酯密封胶处理，由于铁件部位没有橡胶止水条，施工聚氨酯密封胶前要认真做好铁件的除锈和防锈工作，施工完毕后进行淋水试验确保无渗漏。

3. 接缝防水施工并检验合格后，密封盖板。

三、接缝防水检验

（一）墙板防水施工完毕后应及时进行淋水试验，淋水的重点是墙板十字接缝处、预制墙板与现浇结构连接处以及窗框部位，淋水时宜使用消防水龙带对试验部位进行喷淋。

（二）外部检查打胶部位是否有脱胶现象，排水管是否排水顺畅，内侧仔细观察是否有水印、水迹。

（三）发现有局部渗漏部位必须认真做好记录查找原因及时处理，必要时可在墙板内侧加设一道聚氨酯防水密封胶提高防渗漏安全系数。

四、接缝防水质量检验

（一）主控项目

1. 用于防水的各种材料的质量、技术性能，必须符合设计要求和施工规范的规定；必须有使用说明书、质量认证文件和相关产品认证文件，使用前做复试。

2. 外墙板防水构造必须完整，型号、尺寸和形状必须符合设计要求和有关规定，构件还应有出厂合格证。

3. 外墙板、阳台、雨罩、女儿墙板等安装就位后，其标高、板缝宽度、坐浆厚度应符合设计要求和施工规范的规定。

4. 嵌缝胶嵌缝必须严密，粘结牢固，无开裂，板缝两侧覆盖宽度超出各不小于 20mm。

5. 防水涂料必须平整、均匀，无脱落、起壳、裂缝、鼓泡等缺陷。

（二）一般项目

1. 外墙板、阳台板、雨罩板、女儿墙板等接缝防水施工完成后，要进行立缝、平缝、十字缝的淋水试验检查。

2. 对淋水试验发现的问题，要查明渗漏原因，及时修理，修后继续做淋水试验，直到不再发生渗漏水时，方可进行外饰面施工。

3. 对渗漏点的部位及修理情况应认真做记录，标明具体位置，作为技术资料列入技术档案备查。

4. 嵌缝胶表面平整密实，底涂结合层要均匀，嵌缝的保护层粘结牢固，覆盖严密。

第五节　主体结构验收

装配整体式混凝土结构现浇混凝土施工及验收应符合现行国家标准《混凝土结构工程施工质量验收规范》GB 50204 的相关规范规定要求。

一、一般规定

（一）装配整体式混凝土结构应按混凝土结构子分部工程进行验收；当结构中部分采用现浇混凝土结构时，装配整体式混凝土结构部分可作为混凝土结构子分部工程的分项工程进行验收。装配整体式混凝土结构验收除应符合本规程规定外，尚应符合现行国家标准《混凝土结构工程施工质量验收规范》GB 50204 的有关规定。

（二）钢筋套筒灌浆连接技术要求应符合现行行业标准《钢筋套筒灌浆连接应用技术规程》JGJ 355 的有关规定。

（三）预制构件的进场质量验收应符合现行国家标准《混凝土结构工程施工质量验收规范》GB 50204 的有关规定。

（四）装配整体式混凝土结构焊接、螺栓等连接用材料的进场验收应符合现行国家标准《钢结构工程施工质量验收规范》GB 50205 的有关规定。

（五）装配整体式混凝土结构的外观质量除设计有专门的规定外，尚应符合现行国家标准《混凝土结构工程施工质量验收规范》GB 50204 中关于现浇混凝土结构的有关规定。

（六）装配整体式混凝土结构建筑的饰面质量应符合设计要求，并应符合现行国家标准《建筑装饰装修工程质量验收规范》GB 50210 的有关规定。

（七）装配整体式混凝土结构验收时，除应按现行国家标准《混凝土结构工程施工质量验收规范》GB 50204 的要求提供文件和记录外，尚应提供下列文件和记录：

1. 工程设计文件、预制构件制作和安装深化设计图；

2. 预制构件、主要材料及配件的质量证明文件、进场验收记录、抽样复验报告；

3. 预制构件安装施工记录；

4. 钢筋套筒灌浆、浆锚搭接连接的施工检验记录；

5. 后浇混凝土部位的隐蔽工程检查验收文件；

6. 后浇混凝土、灌浆料、坐浆材料强度检测报告；

7. 外墙防水施工质量检验记录；

8. 装配整体式混凝土结构分项工程质量验收文件；

9. 装配整体式混凝土结构工程的重大质量问题的处理方案和验收记录；

10. 装配整体式混凝土结构工程的其他文件和记录。

二、主控项目

（一）后浇混凝土强度应符合设计要求。

检查数量：按批检验，检验批应符合《装配整体式混凝土结构施工与质量验收规程》DB 37/T 5019—2014 的有关要求。

检验方法：按现行国家标准《混凝土强度检验评定标准》GB/T 50107 的要求进行。

（二）钢筋套筒灌浆连接及浆锚搭接连接的灌浆应密实饱满。

检查数量：全数检查。

检验方法：检查灌浆施工质量检查记录。

（三）钢筋套筒灌浆连接及浆锚搭接连接用的灌浆料强度应满足设计要求。

检查数量：按批检验，以每层为一检验批；每工作班应制作一组且每层不应少于 3 组 40mm×40mm×160mm 的长方体试件，标准养护 28d 后进行抗压强度试验。

检验方法：检查灌浆料强度试验报告及评定记录。

（四）剪力墙底部接缝坐浆强度应满足设计要求。

检查数量：按批检验，以每层为一检验批；每工作班应制作一组且每层不应少于 3 组边长为 70.7mm 的立方体试件，标准养护 28d 后进行抗压强度试验。

检验方法：检查坐浆材料强度试验报告及评定记录。

（五）钢筋采用焊接连接时，其焊接质量应符合现行行业标准《钢筋焊接及验收规程》JGJ 18 的有关规定。

检查数量：按现行行业标准《钢筋焊接及验收规程》JGJ 18 的规定确定。

检验方法：检查钢筋焊接施工记录及平行加工试件的强度试验报告。

（六）钢筋采用机械连接时，其接头质量应符合现行行业标准《钢筋机械连接技术规程》JGJ 107 的有关规定。

检查数量：按现行行业标准《钢筋机械连接技术规程》JGJ 107 的规定确定。

检验方法：检查钢筋机械连接施工记录及平行加工试件的强度试验报告。

（七）预制构件采用焊接连接时，钢材焊接的焊缝尺寸应满足设计要求，焊缝质量应符合现行国家标准《钢结构焊接规范》GB 50661 和《钢结构工程施工质量验收规范》GB 50205 的有关规定。

检查数量：全数检查。

检验方法：按现行国家标准《钢结构工程施工质量验收规范》GB 50205 的要求进行。

（八）预制构件采用螺栓连接时，螺栓的材质、规格、拧紧力矩应符合设计要求及现行国家标准《钢结构设计规范》GB 50017 和《钢结构工程施工质量验收规范》GB 50205 的有关规定。

检查数量：全数检查。

检验方法：按现行国家标准《钢结构工程施工质量验收规范》GB 50205 的要求进行。

三、一般项目

（一）装配整体式混凝土结构尺寸允许偏差应符合设计要求，并应符合以下规定。

检查数量：按楼层、结构缝或施工段划分检验批。在同一检验批内，对梁、柱，应抽查构件数量的 10%，且不少于 3 件；对墙和板，应按有代表性的自然间抽查 10%，且不少于 3 间；对大空间结构，墙可按相邻轴线间高度 5m 左右划分检查面，板可按纵、横轴线划分检查面，抽查 10%，且均不少于 3 面。

（二）外墙板接缝的防水性能应符合设计要求。

检查数量：按批检验。每 1000m² 外墙面积应划分为一个检验批，不足 1000m² 时也应划分为一个检验批；每个检验批每 100m² 应至少抽查一处，每处不得少于 10m²。

检验方法：检查现场淋水试验报告。

参 考 文 献

[1] 中华人民共和国住房和城乡建设部. GB/T 50204—2015 混凝土结构工程施工质量验收规范 [S]. 北京：中国建筑工业出版社，2015.

[2] 中华人民共和国住房和城乡建设部. JGJ 1—2014 装配式混凝土结构技术规程 [S]. 北京：中国建筑工业出版社，2014.

[3] 中华人民共和国住房和城乡建设部. JGJ 107—2015 钢筋机械连接技术规程 [S]. 北京：中国建筑工业出版社，2011.

[4] 中华人民共和国住房和城乡建设部. JGJ 130—2011 建筑施工扣件式钢管脚手架安全技术规范 [S]. 北京：中国建筑工业出版社，2011.

[5] 中华人民共和国住房和城乡建设部. JGJ 300—2013 建筑施工临时支撑结构技术规范 [S]. 北京：中国建筑工业出版社，2014.

[6] 中华人民共和国住房和城乡建设部. JGJ 59—2011 建筑施工安全检查标准 [S]. 北京：中国建筑工业出版社，2011.

[7] 中华人民共和国住房和城乡建设部. JGJ 162—2008 建筑施工模板安全技术规范 [S]. 北京：中国建筑工业出版社，2008.

[8] 中华人民共和国住房和城乡建设部、中华人民共和国国家质量监督检验检疫总局. GB 50009—2012 建筑结构荷载规范 [S]. 北京：中国建筑工业出版社，2013.

[9] 中华人民共和国住房和城乡建设部. JGJ 196—2010 建筑施工塔式起重机安装、使用、拆卸安全技术规程 [S]. 北京：中国建筑工业出版社，2010.

[10] 中华人民共和国住房和城乡建设部. JGJ 55—2011 普通混凝土配合比设计规程 [S]. 北京：中国建筑工业出版社，2011.

[11] 中华人民共和国住房和城乡建设部. JG/T 398—2012 钢筋连接用灌浆套筒 [S]. 北京：中国标准出版社，2012.

[12] 中华人民共和国住房和城乡建设部. GB 50010—2012 混凝土设计规范 [S]. 北京：中国建筑工业出版社，2012.

[13] 中华人民共和国住房和城乡建设部. JGJ 355—2015 钢筋套筒灌浆连接应用技术规程 [S]. 北京：中国建筑工业出版社，2015.

[14] 中华人民共和国住房和城乡建设部. JGJ 114—2014 钢筋焊接网混凝土结构技术规程 [S]. 北京：中国建筑工业出版社，2012.

[15] 中华人民共和国住房和城乡建设部. JGJ 18—2012 钢筋焊接及验收规程 [S]. 北京：中国建筑工业出版社，2012.

[16] 中华人民共和国住房和城乡建设部. JGJ/T 258—2011 预制带肋底板混凝土叠合楼板技术规程 [S]. 北京：中国建筑工业出版社，2011.

[17] 中华人民共和国建设部. JGJ 80—1991 建筑施工高处作业安全技术规范 [S]. 北京：中国建筑工业出版社，1992.

[18] 中华人民共和国建设部. JGJ 46—2005 施工现场临时用电安全技术规范 [S]. 北京：中国建筑工业出版社，2006.

[19] 中华人民共和国建设部. JGJ 52—2012 普通混凝土用砂、石质量及检验方法标准 [S]. 北京：中国建材工业出版社，2012.

[20] 中华人民共和国建设部. JGJ 63 混凝土拌合用水标准 [S]. 北京：中国建筑工业出版社，2006.

[21] 中华人民共和国住房和城乡建设部. GB 50666—2011 中华人民共和国国家质量监督检验检疫总局、混凝土结构工程施工规范 [S]. 北京：中国建筑工业出版社，2011.

[22] 中华人民共和国住房和城乡建设部、中华人民共和国国家质量监督检验检疫总局. GB 50720—2011 建设工程施工现场消防安全技术规范 [S]. 北京：中国建筑工业出版社，2011.

[23] 中华人民共和国国家质量监督检验检疫总局、中国国家标准化管理委员会. GB 175—2007 通用硅酸盐水泥 [S]. 北京：中国标准出版社，2007.

[24] 中华人民共和国国家质量监督检验检疫总局、中国国家标准化管理委员会. GB 8076—2008 混凝土外加剂 [S]. 北京：中国标准出版社，2008.

[25] 中华人民共和国国家质量监督检验检疫总局、中国国家标准化管理委员会. GB/T 1596—2005 用于水泥和混凝土中粉煤灰 [S]. 北京：中国标准出版社，2005.

[26] 中华人民共和国国家质量监督检验检疫总局、中国国家标准化管理委员会. GB 1499.2—2007 钢筋混凝土用热轧带肋钢筋 [S]. 北京：中国标准出版社，2007.

[27] 15G365-1 国家建筑标准设计图集 [S]. 北京：中国计划出版社，2015.

[28] G310-1～2 国家建筑标准设计图集 [S]. 北京：中国计划出版社，2015.

[29] 山东省住房和城乡建设厅、山东省质量技术监督局. DB37/T 5018—2014 装配整体式混凝土结构设计规程 [S]. 济南：中国建筑工业出版社，2014.

[30] 山东省住房和城乡建设厅、山东省质量技术监督局. DB37/T 5020—2014 装配整体式混凝土结构工程预制构件制作与验收规程 [S]. 济南：中国建筑工业出版社，2014.

[31] 山东省住房和城乡建设厅、山东省质量技术监督局. DB 37/T 5019—2014 装配整体式混凝土结构施工与质量验收规程 [S]. 济南：中国建筑工业出版社，2014.

[32] 山东省住房城乡建设厅. 山东省装配式混凝土建筑工程质量监督管理工作导则 [M]. 济南：省住房城乡建设厅，2015.

[33] 山东省住房和城乡建设厅、山东省质量技术监督局. DB 37/5008—2014 建筑施工直插盘销式模板支架安全技术规范 [S]. 中国建筑工业出版社，2015.

[34] 济南市城乡建设委员会建筑产业化领导小组办公室. 装配整体式混凝土结构工程施工 [M]. 中国建筑工业出版社，2015.

[35] 吴成材，杨熊川，须有邻，李大宁，李本瑞，刘子金，吴文飞，戴军等. 钢筋连接技术手册（第三版）[M]. 北京：中国建筑工业出版社，2013.

[36] 江正荣，朱国梁. 简明施工计算手册（第三版）[M]. 北京：中国建筑工业出版社，2005.

[37] 钱冠龙. 预制构件钢筋连接用灌浆套筒、灌浆材料及应用 [J]. 北京思达建茂科技发展有限公司，2014.

[38] 建筑工程施工管理技术要点集丛书. 建筑工程质量检验 [S]. 北京：中国建筑工业出版社，2002.

[39] 建筑工业化生产方式——装配式混凝土结构建筑（PC）生产与施工技术现场交流大会 [S]. 北京：住房和城乡建设部科技与产业化发展中心，2014.